Brèves réponses
aux grandes questions

STEPHEN HAWKING

Brèves réponses aux grandes questions

Traduit de l'anglais
par Tania de Loewe

Titre original :
Brief Answers to the Big Questions

© 2018 by Spacetime Publications Ltd.

Pour la traduction française :
© Odile Jacob, octobre 2018
15, rue Soufflot, 75005 Paris

www.odilejacob.fr

ISBN 978-2-7381-4567-3

NOTE DE L'ÉDITEUR

Stephen Hawking était souvent sollicité pour ses points de vue et ses idées sur les grandes questions d'aujourd'hui par des scientifiques, des entrepreneurs, des hommes d'affaires et des hommes politiques. Il conservait toutes les archives des discours, interviews et articles qui constituaient ses réponses.

Ce livre rassemble ces archives personnelles. Il était en phase d'achèvement quand Stephen Hawking est mort. Il a été complété en collaboration avec ses collègues scientifiques, sa famille et le Stephen Hawking Estate.

Une part des droits d'auteur ira à des œuvres de charité.

PRÉFACE

par Eddie Redmayne*

---

* L'acteur Eddie Redmayne joue le rôle de Stephen Hawking dans *Une merveilleuse histoire du temps* (film de James Marsh, sorti en 2014) *(NdT)*.

La première fois que j'ai rencontré Stephen Hawking, j'ai été frappé à la fois par son extraordinaire détermination et par sa vulnérabilité. L'étrange alliage d'un regard décidé et d'un corps immobilisé m'était familier : j'ai accepté de jouer le rôle de Stephen dans le film *Une merveilleuse histoire du temps* et j'ai passé plusieurs mois à étudier ses travaux et la nature de son handicap, afin de comprendre comment exprimer au mieux, physiquement, l'évolution de la sclérose latérale amyotrophique (SLA) dont il était atteint.

Pourtant, quand je rencontrai enfin Stephen, l'icône, le savant exceptionnel qui communiquait par ordinateur *via* une voix de synthèse, et par des mouvements de sourcils, je fus bouleversé. J'étais nerveux pendant ses silences et parlais beaucoup trop, alors que lui était parfaitement au fait des pouvoirs du silence et de cette sensation qu'il induit de se sentir scruté. Mal à l'aise, j'ai trouvé amusant de lui dire que nos dates d'anniversaire ne différaient que de quelques jours, ce qui nous mettait sous le même signe du zodiaque. Au bout de quelques minutes il répondit :

« Je suis astronome, pas astrologue. » Il me demanda aussi de l'appeler Stephen et d'oublier le « professeur ». J'étais prévenu…

L'occasion d'étudier le personnage était unique. Ce qui m'a attiré vers ce rôle, c'est la dualité entre l'excellence scientifique qu'il représente aux yeux du monde et la lutte interne et cachée contre la SLA qui a commencé quand il avait 20 ans. Son histoire, faite d'efforts constants, de vie de famille, de succès académiques et de défis à de multiples obstacles, était unique, complexe et d'une grande richesse. Nous voulions montrer l'inspiration, mais aussi le courage et l'obstination, tant dans la vie de Stephen que de ceux qui l'ont accompagné.

Mais il fallait aussi montrer l'homme mythique qu'il est devenu. Trois images le résument pour moi. L'une est celle d'Einstein tirant la langue, car Hawking avait le même esprit frondeur. L'autre est un marionnettiste farceur, car Stephen menait son monde à sa guise. La troisième image est celle de James Dean. Notre rencontre complétait ces images avec deux traits indispensables : l'étincelle dans le regard, et l'humour, indéfectible.

La principale difficulté dans le fait de jouer le rôle d'une personne vivante est l'obligation de lui rendre compte de votre interprétation. Dans le cas de Stephen, il y avait en outre sa famille, qui s'était montrée si généreuse lors de la préparation du film. Avant qu'il n'entre dans la salle de projection, il me dit : « Je vous dirai ce que j'en pense : bien, ou autre. » Je lui répondis que si c'était « autre », je préférerais qu'il m'épargne des explications détaillées. Mais Stephen, ému, me dit qu'il avait aimé le film. Non sans ajouter qu'il aurait préféré qu'il y eût davantage de physique et moins de sentiment. Que répondre à cela ?

Depuis *Une merveilleuse histoire du temps*, je suis resté en contact avec la famille Hawking. J'ai été très honoré qu'elle me demande de prendre la parole aux funérailles de Stephen. C'était un jour terriblement triste mais aussi rayonnant, plein d'amour, de souvenirs joyeux et de réflexions sur cet homme ô combien courageux, qui marqua le monde par ses découvertes scientifiques et par son combat pour la reconnaissance et la prise en compte des personnes handicapées.

Nous avons perdu un bel esprit, un savant remarquable et l'homme le plus drôle que j'aie eu l'occasion de rencontrer. Mais, comme sa famille l'a fait remarquer lors de sa mort, ses travaux et son héritage scientifiques sont bien vivants. C'est donc avec tristesse, mais aussi avec un grand plaisir, que je vous invite à ouvrir ce recueil de textes de Stephen sur des sujets divers et fascinants, que vous lirez j'espère avec le même enthousiasme que moi. Quant à Stephen, pour reprendre les mots de Barack Obama, j'espère qu'il s'amuse bien là-haut parmi les étoiles.

Eddie REDMAYNE.

UNE INTRODUCTION
par Kip Thorne[*]

* Kip Thorne, astrophysicien américain, a été couronné par le prix Nobel de physique en 2017 avec Rainer Weiss et Barry Barish pour leurs recherches sur les ondes gravitationnelles (*NdT*).

J'ai rencontré Stephen Hawking en juillet 1965, à Londres, à l'occasion d'une conférence sur la relativité générale et la gravitation. Il était alors étudiant en thèse à l'Université de Cambridge, et je venais de finir mes études à l'Université de Princeton. On racontait dans les couloirs que Stephen avait trouvé une preuve que l'Univers était apparu à une date finie dans le passé – qu'il n'était pas là de toute éternité.

Avec une centaine d'autres personnes, je m'entassai donc dans une pièce prévue pour quarante afin d'entendre Stephen. Il marchait avec une canne et sa parole était un peu embarrassée, mais il ne montrait que de très légers signes de la maladie qui lui avait été diagnostiquée deux ans plus tôt. Il était en tout cas en pleine possession de ses moyens intellectuels. Son raisonnement, qui reliait les équations de la relativité générale d'Einstein, les observations astronomiques d'expansion de l'Univers et quelques hypothèses vraisemblables, mettait en œuvre des techniques mathématiques nouvelles que Roger Penrose venait d'inventer. Le résultat était brillant, puissant et convaincant. D'après Stephen, notre Univers avait dû commencer il y a environ 10 milliards d'années sous la forme d'une « singularité » de l'espace-temps. Dans la décennie suivante, Stephen et Roger travaillèrent ensemble pour montrer, de façon plus convaincante encore, que les trous noirs sont d'autres singularités où le temps s'arrête...

Je sortis très impressionné de la conférence. Pas seulement par le raisonnement et sa conclusion, mais surtout par l'intuition et la créativité qu'ils impliquaient. Je demandai à rencontrer Stephen, et nous passâmes une heure ensemble. Ce fut le début d'une longue amitié, certes fondée sur nos intérêts scientifiques communs, mais aussi sur une sympathie mutuelle, une étrange capacité à nous comprendre sans nous dire un mot. Nos discussions portèrent bientôt davantage sur nos vies personnelles et sentimentales, voire sur la mort, que sur la science, bien que celle-ci nous ait toujours puissamment liés.

En septembre 1973, j'emmenai Stephen et sa femme Jane à Moscou. Malgré la guerre froide qui battait son plein, je passais un mois par an à Moscou depuis 1968, dans l'équipe dirigée par Iakov Borisovitch Zeldovitch. Grand astrophysicien, Zeldovitch était aussi le père de la bombe H soviétique. À cause du secret défense dont il était le détenteur, il lui était interdit de voyager en Occident, et il ne pouvait parler avec Stephen comme il le souhaitait. Comme il ne pouvait venir à Stephen, c'est Stephen qui vint à lui.

À Moscou, Stephen enchanta Zeldovitch et des centaines d'autres chercheurs soviétiques par l'acuité de ses intuitions, et en retour il apprit une chose ou deux de lui. Je me souviens en particulier d'un après-midi dans la chambre de Stephen à l'hôtel Rossiya, avec Zeldovitch et un de ses étudiants, Alexeï Starobinsky. Zeldovitch expliquait en toute simplicité la remarquable découverte qu'il venait de faire, tandis que Starobinsky en donnait la version mathématique.

Faire un trou noir requiert beaucoup d'énergie. Cela, on le savait déjà. Un trou noir, montraient-ils, peut utiliser son énergie de rotation pour créer des particules, qui s'échappent en emportant avec elles cette même énergie de rotation. C'était nouveau et surprenant, mais pas tant que ça, après tout. Quand un objet possède une énergie de mouvement, la nature trouve toujours le moyen d'extraire cette énergie. On connaissait déjà d'autres moyens d'extraire de l'énergie d'un trou noir ; c'en était une nouvelle, plutôt inattendue.

Le grand intérêt de ce genre de conversations est qu'elles peuvent partir dans des directions imprévues. Stephen rumina la découverte de Zeldovitch-Starobinsky pendant plusieurs mois, l'examinant sous tous les angles, jusqu'à ce qu'une idée radicalement nouvelle se fasse jour : même après qu'un trou noir s'est arrêté de tourner, il peut encore émettre des particules. Il peut rayonner – et de fait il rayonne comme s'il était chaud, mais pas aussi chaud que le Soleil, à peine tiède. Plus il est lourd, plus basse est sa température. Un trou noir de 1 masse solaire a une température de 0,06 millionième de degré au-dessus du zéro absolu. La formule donnant cette température est aujourd'hui gravée sur la pierre tombale de Stephen à l'abbaye de Westminster, entre celles d'Isaac Newton et de Charles Darwin.

La « température de Hawking » d'un trou noir et son « rayonnement de Hawking », comme on les nomme aujourd'hui, étaient vraiment inédits et constituent peut-être la plus grande découverte en physique théorique de la seconde moitié du XXe siècle. Ils soulignent les profondes connexions entre la relativité générale (les trous noirs), la thermodynamique (la physique de la chaleur) et la physique quantique (la création de particules à partir du vide). Par exemple, ils menèrent Stephen à prouver qu'un trou noir possède une entropie, ce qui signifie que dans le trou noir ou à son voisinage règne un considérable désordre. Il en déduisit que l'entropie d'un trou noir (une mesure de son degré de désordre) est proportionnelle à l'aire de sa surface. Cette autre formule* sera gravée sur sa stèle commémorative à Gonville and Caius, son collège à Cambridge.

Depuis quarante ans, Stephen et des centaines de physiciens ont tenté de comprendre la nature du désordre des trous noirs, de la part d'aléatoire qui y règne. Cette question ne cesse d'engendrer de nouvelles hypothèses sur l'unification de la théorie quantique avec la relativité générale, dans ce que l'on appelle désormais la gravité quantique.

À l'automne 1974, Stephen débarqua avec ses doctorants et sa famille (sa femme Jane et leurs deux enfants, Robert et Lucy) à Pasadena, en Californie. Je l'avais invité

---

* Voir page 39 (*NdT*).

pour un an, afin qu'il partage la vie intellectuelle de mon université, Caltech*, et s'immerge temporairement dans mon groupe de recherche. Ce fut une année glorieuse, au faîte de ce que l'on appelle depuis l'« âge d'or de la recherche sur les trous noirs ».

Cette année-là, Stephen, ses étudiants et les miens s'employèrent à comprendre en profondeur la physique des trous noirs. La présence de Stephen et son implication me permirent pendant ce temps de travailler sur un champ qui m'attirait depuis longtemps : les ondes gravitationnelles.

Deux types d'ondes seulement peuvent traverser l'Univers et nous informer sur ce qui s'y passe à très grande distance : les ondes électromagnétiques (dont la lumière, les rayons X et gamma, les micro-ondes, les ondes radio) et les ondes gravitationnelles.

Les ondes électromagnétiques sont constituées de champs électriques et magnétiques se propageant à la vitesse de la lumière. Quand elles interagissent avec des particules chargées, comme les électrons d'une antenne radio ou télé, elles les font vibrer en leur communiquant l'information qu'elles transportent. Cette information peut ensuite être amplifiée et envoyée vers un haut-parleur ou un écran de télévision.

Les ondes gravitationnelles, selon Einstein, se traduisent en une oscillation de l'espace, une compression suivie d'une dilatation. En 1972, Rainer Weiss du MIT** avait inventé un détecteur d'ondes gravitationnelles, un tube

---

* California Institute of Technology (*NdT*).
** Massachusetts Institute of Technology (*NdT*).

à vide en forme de L, dans lequel des miroirs suspendus aux extrémités et à l'angle du L se rapprochaient ou s'éloignaient en fonction de la direction de l'onde. Il suggéra aussi d'utiliser un laser, capable d'extraire l'information gravitationnelle, qui pouvait ensuite être amplifiée et décryptée.

L'impact du changement de paradigme dû aux ondes gravitationnelles est comparable à celui initié par Galilée pour l'astronomie électromagnétique moderne, quand il pointa sa lunette vers Jupiter et observa ses quatre plus gros satellites. Quatre siècles après Galilée, l'astronomie a complètement révolutionné notre compréhension de l'Univers, tant dans le domaine visible que dans les autres domaines du rayonnement électromagnétique.

En 1972, quand mes étudiants et moi nous nous demandions ce que les ondes gravitationnelles pourraient nous apprendre sur l'Univers, nous inaugurions l'« astronomie gravitationnelle ». Les ondes qui nous intéressaient, des déformations de l'espace-temps, étaient avant tout produites par des objets capables de déformer l'espace-temps, et au premier chef par les trous noirs. Il nous apparut que les ondes gravitationnelles étaient l'outil idéal pour tester les idées de Stephen sur les trous noirs.

De façon plus générale, nous pensions que les ondes gravitationnelles étaient si différentes des ondes électromagnétiques qu'elles créeraient à coup sûr une révolution comparable à celle de Galilée – à condition qu'elles puissent être détectées. Mais c'était là un défi redoutable. Nous avions calculé que les ondes détectables sur Terre étaient si faibles que le déplacement qu'elles communiqueraient aux miroirs du détecteur de Weiss serait de l'ordre du centième du diamètre d'un proton (un dix millionième de la taille d'un atome), même si les bras du détecteur faisaient plusieurs kilomètres de longueur.

Ainsi, tandis que Stephen et nos étudiants travaillaient sur les trous noirs, je travaillais sur les ondes gravitationnelles et la possibilité de les capter. Stephen fut très efficace comme il l'avait été, quelques années plus tôt, avec son étudiant Gary Gibbons en imaginant un détecteur d'ondes gravitationnelles (qui ne fut jamais construit). Peu après le retour de Stephen à Cambridge, ma quête se matérialisa lors d'une intense discussion, qui dura la nuit entière, avec Weiss, dans sa chambre d'hôtel à Washington. Il m'apparut que les chances de succès étaient si grandes que je devais consacrer mes recherches, et celles de mes étudiants, à aider Weiss et ses amis expérimentateurs à capter les ondes gravitationnelles. Le reste appartient à l'histoire.

Le 14 septembre 2015, les détecteurs d'ondes gravitationnelles LIGO, construits par un groupe de mille personnes fondé par Weiss, Ronald Drever et moi-même, et mené par Barry Barish, enregistrèrent les premières ondes gravitationnelles. En les comparant avec celles prévues par les simulations informatiques, il apparut qu'elles résultaient de la collision de deux trous noirs situés à 1,3 milliard d'années-lumière de la Terre. Notre équipe avait fait, pour l'astronomie gravitationnelle, ce que Galilée avait fait pour l'astronomie électromagnétique.

Je suis certain que dans les décennies à venir, les prochaines générations d'astronomes utiliseront les ondes gravitationnelles non seulement pour tester les lois de

Stephen sur la physique des trous noirs, mais parviendront aussi à détecter les ondes émises lors de la naissance de l'Univers.

Pendant notre glorieuse année 1974-1975, Stephen eut une intuition encore plus étonnante que sa découverte du rayonnement de Hawking. Il donna la preuve, presque inattaquable, que l'information engloutie par un trou noir, une fois ce trou noir évaporé, reste piégée dedans. L'information est perdue à jamais.

C'était remarquable, car les lois de la physique quantique affirment que l'information ne peut jamais être totalement perdue. Si donc Stephen avait raison, les trous noirs violaient une loi fondamentale de la mécanique quantique.

Comment est-ce possible ? L'évaporation d'un trou noir est gouvernée par les lois de la physique quantique et de la relativité générale – par la mystérieuse gravité quantique. Ainsi, selon Stephen, l'unification de ces deux théories mènerait à la destruction de l'information.

La grande majorité des physiciens n'aiment pas cette conclusion. Ils sont très sceptiques, et ferraillent depuis quarante-quatre ans contre ce « paradoxe de l'information », ou plutôt « de la disparition de l'information ». Mais cette querelle vaut la peine et les efforts investis, car le paradoxe est une des clés de la gravité quantique. Stephen lui-même, en 2003, a trouvé une façon pour l'information de s'échapper pendant l'évaporation du trou noir, mais cela n'a pas arrêté la controverse chez les théoriciens. Stephen n'a pas *prouvé* que l'information s'échappe.

Dans mon éloge de Stephen, lors du dépôt de ses cendres à Westminster, j'ai rappelé les termes de cette querelle :

Newton nous a donné des réponses. Hawking nous a donné des questions, et ces questions continuent de susciter des découvertes des décennies plus tard. Quand nous maîtriserons les lois de la gravité quantique et comprendrons pleinement la naissance de l'Univers, ce sera en grande partie parce que nous nous tiendrons sur les épaules de Hawking.*

•

De même que notre année glorieuse fut le début de ma quête des ondes gravitationnelles, elle fut pour Stephen celle de la compréhension fine des lois de la gravité quantique, et de ce qu'elles disent sur la nature de l'information et du désordre des trous noirs, sur la nature de la singularité à l'origine de notre Univers, et sur celle qui se trouve au cœur de chaque trou noir – la vraie nature de la naissance et de la mort du temps.

Ce sont là de grandes questions – de très grandes questions.

Quant à moi, je me suis toujours tenu éloigné des grandes questions. Je n'ai ni le talent, ni la sagesse, ni l'assurance nécessaires pour y répondre. Stephen, au contraire, a toujours été attiré par ces questions, qu'elles soient scientifiques ou non. Lui avait le talent, la sagesse et l'assurance.

---

* Allusion à une célèbre phrase de Newton, à propos de Kepler et de Galilée : « Si j'ai pu voir plus loin, c'est parce que j'étais juché sur des épaules de géants » (*NdT*).

Ce livre est le fruit de ses réponses aux grandes questions. Il y travaillait encore à la veille de sa mort.

Les réponses de Stephen aux cinq premières questions, et à la dixième, sont des réponses scientifiques. Vous l'y verrez discuter en profondeur des sujets que je n'ai fait qu'aborder ici, et même plus encore.

Ses réponses aux quatre autres grandes questions ne sont pas directement liées à la science. Pour autant, elles témoignent aussi de sa sagesse, et de sa créativité bien évidemment.

J'espère que vous les trouverez tout autant que moi stimulantes et profondes, et que vous les apprécierez autant que je les ai appréciées. Bonne lecture !

Kip Thorne, juillet 2018.

POURQUOI
FAUT-IL POSER
LES GRANDES QUESTIONS ?

L es gens ont toujours cherché à répondre aux grandes questions. D'où venons-nous ? Comment l'Univers a-t-il commencé ? Quel est le sens de tout ce qui nous entoure ? Y a-t-il une vie ailleurs ? Les anciens récits de création ne sont plus pertinents ni crédibles. Ils ont été remplacés par ce qu'il faut bien appeler des superstitions, depuis le mouvement New Age jusqu'à *Star Trek*. Mais la science, la vraie, peut se révéler bien plus étrange que la science-fiction, et beaucoup plus satisfaisante pour l'esprit.

Je suis un scientifique. Un scientifique profondément fasciné par la physique, la cosmologie, l'Univers et l'avenir de l'humanité. J'ai été élevé par des parents qui m'ont inculqué le goût de la curiosité et, comme l'avait mon père, celui de rechercher des réponses aux nombreuses questions que pose la science. J'ai passé ma vie à arpenter l'Univers – par la pensée. La physique théorique m'a permis d'aborder de grandes questions. Il m'est même arrivé de penser que je verrais la fin de la physique telle que nous la connaissons, mais je sais aujourd'hui que l'émerveillement de la découverte n'est pas sur le point de disparaître. Nous approchons de plus en plus des bonnes réponses, mais nous sommes encore loin de les atteindre.

Le problème est que la plupart des gens pensent que la science est trop difficile et compliquée pour eux. Je ne crois pas que ce soit vrai. En fait, pratiquer la recherche sur les lois fondamentales qui gouvernent l'Univers demande un temps considérable que peu de gens ont ; le monde s'arrêterait vite de progresser si tout un chacun faisait de la physique théorique. Mais la majeure partie d'entre nous est tout à fait capable d'apprécier et de comprendre les idées essentielles, à condition qu'elles soient présentées clairement et sans équations. Je pense que c'est possible. C'est ce que j'ai essayé de faire toute ma vie.

Ce fut une époque glorieuse pour vivre et faire de la recherche en physique théorique. Notre conception de l'Univers a considérablement changé au cours du dernier demi-siècle, et je serais heureux d'y avoir contribué. Une des grandes révélations de la conquête spatiale a été de donner à l'humanité une nouvelle perspective sur elle-même. Voir la Terre depuis l'espace, c'est se voir comme un tout. Voir l'unité, et non les divisions. L'image est toute simple et le message évident : une planète, une humanité.

Je joins ma voix à celles qui demandent une action immédiate pour affronter les grands défis auxquels doit faire face la communauté humaine. J'espère que, même quand je ne serai plus là, des gens décidés feront preuve de créativité, de courage, et sauront entraîner les autres. Puissent-ils parvenir enfin à un développement durable, et agir, non pour eux-mêmes, mais pour le bien commun.

Je suis bien conscient de l'urgence. C'est maintenant qu'il faut agir.

•

Je suis né exactement trois cents ans après la mort de Galilée, et je veux croire que cette coïncidence a eu un effet sur l'évolution de ma vie scientifique. Cela dit, deux cent mille autres bébés sont aussi nés ce jour-là ; j'ignore si l'un d'entre eux s'est intéressé à l'astronomie.

J'ai grandi dans une haute et étroite maison victorienne à Highgate, un quartier de Londres. Mes parents l'avaient achetée à très bas prix pendant la guerre, au moment où tout le monde pensait que Londres serait rasée par les bombardements. De fait, un V2 a atterri à quelques maisons de la nôtre. Nous n'étions pas là, ma mère, ma sœur et moi, et mon père ne fut heureusement pas blessé. Pendant des années, le bout de rue où je jouais avec mon ami Howard était le cratère de cette bombe. Nous avons exploré les effets de l'explosion avec cette même curiosité qui ne me quittera plus.

En 1950, mon père alla travailler dans la banlieue nord de Londres, dans le tout nouveau National Institute for Medical Research de Mill Hill, et ma famille s'installa tout près, à Saint Albans. Je fus envoyé à l'école de filles qui, malgré son nom, prenait les garçons jusqu'à l'âge de 10 ans. Je rejoignis ensuite l'école de Saint Albans. J'étais dans la moyenne de la classe – c'était une très bonne classe –, mais mes camarades m'appelaient Einstein. Avaient-ils perçu des signes de précocité ? Quand j'avais

12 ans, un de mes amis paria avec un autre ami un paquet de bonbons que je n'arriverais jamais à rien.

J'avais six ou sept amis proches à Saint Albans, et je me souviens d'avoir eu de longues discussions et des disputes sans fin sur tous les sujets, des avions télécommandés à la religion. Une des grandes questions en débat était l'origine de l'Univers et la nécessité d'un dieu pour le créer et le faire marcher. J'avais entendu dire que la lumière des galaxies lointaines était décalée vers l'extrémité rouge du spectre, ce qui indiquait que l'Univers était en expansion. Mais j'étais persuadé qu'il y avait une autre explication à ce décalage vers le rouge. Peut-être la lumière se fatiguait-elle et nous envoyait-elle davantage de lumière rouge ? Un Univers éternel et sans changement semblait bien plus naturel. (C'est des années plus tard, après la découverte du fond de rayonnement cosmique, deux ans avant de me lancer dans ma thèse de doctorat, que je compris que j'avais tort.)

J'ai toujours été intéressé par la façon dont les choses fonctionnent, et j'avais pour habitude de les démonter pour voir comment elles marchaient, mais je n'étais pas aussi efficace pour les remettre en état. Mes talents d'expérimentateur n'ont jamais été au niveau de mes capacités de théoricien. Mon père encourageait mon intérêt pour la science et rêvait de me voir entrer à Oxford ou Cambridge. Lui-même avait étudié à University College, à Oxford, et il pensait que je devrais y postuler. Mais comme ce collège n'avait pas de section « mathématiques », je dus m'inscrire en sciences naturelles. Je m'étonne moi-même d'y avoir réussi.

L'attitude à la mode à Oxford, à l'époque, consistait à prétendre ne pas travailler. On était supposé être brillant sans efforts, ou alors accepter d'être mal classé. J'en fis donc le moins possible. Je n'en suis pas fier, je décris seulement mon attitude de l'époque, partagée par de nombreux camarades. Une des conséquences de ma maladie a été de changer tout cela. Quand on doit faire face à l'éventualité de mourir jeune, on réalise qu'il y a quantité de choses que l'on souhaite faire avant que cela n'advienne.

Comme je n'avais pas beaucoup travaillé, j'avais prévu de passer l'examen final en faisant l'impasse sur les questions requérant des connaissances factuelles et de me concentrer sur des problèmes de physique théorique. Mais, n'ayant pas dormi la nuit précédant l'examen, je ne fus pas tout à fait au niveau et dus passer un oral. On m'interrogea sur mes projets d'avenir. Je répondis que je voulais faire de la recherche. Si j'étais bien classé, j'irais à Cambridge. Sinon, je resterais à Oxford. J'eus une bonne note.

Pour les longues vacances qui suivirent mon examen final, le collège offrait des bourses pour de nombreux petits voyages. Je pensais qu'une destination lointaine aurait de meilleures chances d'être acceptée et me décidai pour l'Iran. Je partis à l'été 1962, pris un train pour Istanbul, puis Erzerum en Turquie orientale, Tabriz, Téhéran, Ispahan, Chiraz et Persépolis, capitale des anciens rois perses. Sur la route du retour, mon compagnon de voyage, Richard Chiin, et moi fûmes témoins du séisme de Buin Zahra, de magnitude 7,1, qui tua plus de douze mille personnes. Nous étions tout près de l'épicentre, mais je ne m'en suis pas rendu compte car j'étais malade et secoué de toutes parts dans un bus cahotant sur des routes défoncées.

Nous avons passé les jours suivants à Tabriz, où je me suis remis d'une dysenterie aiguë et d'une côte cassée, souvenir du voyage en bus, toujours sans avoir connaissance du désastre car nous ne parlions pas le persan. Ce n'est qu'à Istanbul que nous avons appris ce qui s'était passé. J'ai envoyé une carte postale à mes parents, qui étaient sans nouvelles depuis dix jours, moment où je leur avais écrit que nous quittions Téhéran pour aller vers la région du séisme. Malgré cela, j'ai gardé d'excellents souvenirs de mon voyage en Iran. La curiosité de voir le monde peut être dangereuse, mais, pour moi, ce fut sans doute la seule fois où elle le fut.

J'avais 20 ans en octobre 1962, quand j'entrai à Cambridge au département de mathématiques appliquées et de physique théorique. J'avais demandé à travailler avec Fred Hoyle, le plus célèbre astronome britannique de l'époque. Je dis astronome, car la cosmologie n'était pas encore un champ d'études reconnu. Mais Hoyle avait fait le plein d'étudiants et, à ma grande déception, on me dirigea vers Dennis Sciama, dont je n'avais jamais entendu parler. Avec le recul, je sais qu'il est heureux que je n'aie pas été étudiant de Hoyle, car cela m'aurait obligé à défendre sa théorie de l'état stationnaire, tâche encore plus délicate que de négocier le Brexit. Je commençai de lire des vieux manuels de relativité générale, plus que jamais attiré par les très grandes questions.

Comme quelques-uns d'entre vous ont dû le voir dans le film où Eddie Redmayne donne de moi une version très flatteuse, c'est au cours de ma troisième année à Oxford que j'ai commencé à me sentir de plus en plus maladroit. J'étais tombé une fois ou deux, sans comprendre pourquoi, et je ne pouvais plus pratiquer l'aviron. Il devenait évident que quelque chose clochait. Je fus scandalisé qu'un médecin, consulté à cette époque, me conseille d'arrêter la bière.

L'hiver qui suivit mon arrivée à Cambridge fut très froid. J'étais à la maison pour les vacances de Noël quand ma mère me persuada d'aller patiner sur le lac de Saint Albans, alors que je n'étais guère partant. Je tombai et j'eus beaucoup de mal à me relever. Réalisant que quelque chose n'allait pas, ma mère m'emmena chez le médecin.

Je suis resté des semaines à l'hôpital Saint Bartholomew, où j'ai passé de nombreux tests. À l'époque, ceux-ci étaient bien plus basiques qu'aujourd'hui. On me fit une biopsie musculaire au bras, on me plaça des électrodes, on m'injecta un fluide opacifiant dans la moelle épinière pour faire des radiographies dans diverses positions. On ne me dit jamais ce qui n'allait pas, mais je compris évidemment que c'était grave, et je ne voulais pas poser de questions. Ce que je déduisis des conversations des médecins, c'est que « ça » – quoi que ce fût – empirerait, et qu'ils ne pouvaient rien faire à part me donner des vitamines. De fait, je n'ai jamais revu par la suite le médecin qui avait fait les tests. Il pensait tout simplement qu'il n'y avait rien à faire.

J'ai fini par apprendre que je souffrais d'une sclérose latérale amyotrophique, ou maladie de Charcot, maladie dans laquelle les cellules nerveuses du cerveau et de la moelle épinière s'atrophient puis se rigidifient. J'appris aussi que les personnes atteintes perdent peu à peu la capacité de contrôler leurs mouvements, de parler, de manger et, finalement, de respirer.

La maladie progressait rapidement. Je devins très déprimé et ne voyais plus l'intérêt de continuer ma thèse, puisque je ne vivrais peut-être pas assez longtemps pour l'achever. Mais la progression ralentit, et mon enthousiasme revint. Mes projets avaient été réduits à néant, désormais je commençai à savourer tout ce que j'avais. Tant qu'il y a de la vie, il y a de l'espoir !

Et puis, bien sûr, il y avait aussi une jeune femme nommée Jane, que j'avais rencontrée à une soirée. Elle était déterminée à ce que nous combattions ensemble. Sa confiance me donna de l'énergie. Nos fiançailles mirent mon moral au beau fixe, et je me dis que, si nous devions nous marier, il fallait que j'aie un travail et donc que je finisse ma thèse. Et comme toujours, les grandes questions me guidaient. Je me mis au travail avec un plaisir extrême.

Pour financer mes études, je demandai une bourse de recherche au collège Gonville and Caius. À ma grande surprise, je fus choisi et suis, depuis lors, membre de ce collège. Cette bourse fut un tournant dans ma vie. Elle me permit de poursuivre ma recherche malgré mon handicap croissant. Elle nous permit aussi, à Jane et moi, de nous marier, ce qui fut fait en juillet 1965. Notre premier enfant, Robert, arriva deux ans après notre mariage, et le second, Lucy, trois ans plus tard. Notre troisième enfant, Timothy, est né en 1979.

En tant que père, j'ai tenté d'instiller à mes enfants l'importance de poser des questions, toujours et encore. Mon fils Tim a raconté dans une interview m'avoir posé une question qu'il pensait, à l'époque, un peu bête. Il voulait savoir s'il y avait beaucoup de petits univers autour du nôtre. Je lui répondis de ne jamais craindre d'exposer une idée ou d'émettre une hypothèse, si bête (c'est lui qui employait ce mot) qu'elle puisse paraître.

•

La grande question en cosmologie, au début des années 1960, était de savoir si l'Univers avait eu un commencement. Beaucoup de chercheurs étaient instinctivement opposés à cette idée, qui impliquait une notion de création située hors du champ scientifique ; ils craignaient que l'on n'invoque la religion ou la main de Dieu à l'origine de l'Univers. C'était clairement une question fondamentale – juste ce qu'il me fallait pour compléter ma thèse.

Roger Penrose avait montré que lorsqu'une étoile mourante se contracte jusqu'à un certain rayon, cela mène inévitablement à une singularité, un point où l'espace et le temps disparaissent. De fait, on savait déjà que rien ne peut empêcher une étoile massive et « froide » de s'effondrer sous sa propre gravité jusqu'à devenir une singularité de densité infinie. Je réalisais qu'un raisonnement semblable pouvait être appliqué à l'expansion de l'Univers lui-même. Je prouverais l'existence de singularités à l'origine de l'espace-temps.

Je connus mon *Eurêka* en 1970, quelques jours avant la naissance de ma fille Lucy. En allant me coucher, un soir – processus rendu très lent par mon handicap –, je compris que je pourrais appliquer aux trous noirs la structure que j'avais développée pour les théorèmes sur les singularités[*] : si la relativité générale était correcte et si la densité d'énergie était positive, l'aire de l'horizon des événements – la frontière d'un trou noir – devait augmenter à mesure que de la matière ou du rayonnement y tombaient. De plus, si deux trous noirs entraient en collision et en coalescence pour former un trou noir unique, l'aire de l'horizon des événements autour du trou noir résultant devait être plus grande que la somme des aires des horizons de chacun des trous noirs initiaux.

Ce fut un âge d'or pendant lequel nous avons résolu la plupart des grands problèmes de la théorie des trous noirs avant même que l'on ait les premières preuves observationnelles de leur existence. À vrai dire, les succès furent tels avec la théorie de la relativité générale que je me trouvais un peu à court d'idées nouvelles en 1973, après la publication de *The Large Scale Structure of Space-time* (« la structure à grande échelle de l'espace-temps »), écrit avec George Ellis. Mon travail avec Penrose ayant montré que la relativité générale n'est plus valable pour décrire les singularités, l'étape suivante consistait à marier la relativité générale – la théorie du très grand – avec la théorie quantique

---

[*] Dits aussi « théorème de Hawking-Penrose » (*NdT*).

– la théorie du très petit. En particulier, je m'interrogeais sur l'existence d'atomes ayant pour noyau un trou noir primordial, formé lors des premiers instants de l'Univers. Mes recherches dévoilèrent des relations profondes et jusque-là insoupçonnées entre la gravité et la thermodynamique, la science de la chaleur, et résolurent un paradoxe vieux de plus de trente ans : le rayonnement émis par un trou noir en contraction peut-il emporter de l'information sur ce qui a constitué le trou noir ? Je découvris que cette information n'est pas perdue, mais qu'elle n'est pas utilisable – un peu comme le serait, dans la fumée et les cendres, le contenu d'une encyclopédie que l'on aurait brûlée.

Pour cela, j'ai regardé comment les champs quantiques des particules seraient diffusés par un trou noir. Je pensais qu'une part de l'onde incidente serait absorbée, et le reste diffusé vers l'extérieur. Mais, à ma grande surprise, je trouvai que le trou noir se comportait lui-même comme un émetteur. D'abord, je crus à une erreur de calcul. Mais ce qui me persuada de la réalité de la chose, c'est que cette émission était exactement ce qu'il fallait pour identifier l'aire de l'horizon du trou noir avec son « entropie ». Cette grandeur, qui mesure le degré de désordre d'un système, est donnée par la formule

$$S = \frac{Akc^3}{4G\hbar}$$

qui l'exprime en fonction de l'aire (A) de l'horizon et de trois constantes fondamentales de la nature, c, la vitesse de la lumière, G, la constante de gravitation de Newton, et $\hbar$, la constante de Planck. Cette émission de rayonnement thermique par les trous noirs est aujourd'hui baptisée « rayonnement de Hawking ». Je suis fier de l'avoir découvert.

En 1974, j'ai été élu à la Royal Society*. Cette élection a surpris les membres de mon département car j'étais très jeune, et seulement assistant de recherche. Mais je fus nommé professeur trois ans plus tard. Mon travail sur les trous noirs m'avait donné l'espoir de trouver une théorie du Tout, et cette quête nouvelle me poussa à continuer.

Cette même année, mon ami Kip Thorne nous invita, ma famille et moi, avec d'autres spécialistes de relativité générale au Caltech, en Californie. Pendant les quatre années précédentes, j'avais utilisé un fauteuil roulant ordinaire et une voiturette électrique à trois roues, qui allait presque aussi vite qu'un vélo et transportait parfois des passagers en toute illégalité. En Californie, nous habitions une maison de style colonial près du campus du Caltech, et c'est là que j'essayai mon premier fauteuil électrique. Il me donna une précieuse indépendance, d'autant que les bâtiments américains sont mieux équipés que les bâtiments anglais pour les handicapés.

À notre retour de Caltech, en 1975, je me sentis d'abord un peu déprimé. Tout semblait provincial et restrictif comparé à l'attitude américaine ouverte et volontariste. À cette époque, le paysage était encombré d'arbres morts tués par la maladie des ormes, la graphiose, et le pays était paralysé par des grèves. Cependant, mon moral remonta avec le succès de mes recherches. En 1979, je fus élu à

---

* L'Académie des sciences britannique (*NdT*).

la chaire lucasienne de mathématiques de Cambridge, poste qui fut occupé par Isaac Newton et par Paul Dirac.

Pendant les années 1970, j'ai surtout travaillé sur les trous noirs, mais mon intérêt pour la cosmologie se ranima quand fut émise l'idée que l'Univers initial avait connu une brève expansion inflationnaire, qui avait augmenté sa taille de façon exponentielle. Je passai aussi du temps avec Jim Hartle, sur la théorie dite « *no boundary* » (modèle d'univers sans bord).

Au début des années 1980, ma santé se détériora et je connus de pénibles périodes d'étouffement dues à l'affaiblissement de mon larynx et au fait qu'il laissait la nourriture passer directement dans mes poumons. En 1985, je contractai une pneumonie lors d'un voyage au CERN, le Centre européen de physique des particules, situé en Suisse. Ce fut un moment très difficile. On me dirigea vers l'hôpital cantonal de Lucerne, où je fus mis en ventilation pulmonaire. Les médecins expliquèrent à Jane que les choses avaient progressé jusqu'à un point où plus rien ne pouvait être fait, et ils lui parlèrent de la possibilité d'interrompre la ventilation pour en finir. Jane refusa et me fit rapatrier par avion médicalisé vers l'hôpital Addenbrooke de Cambridge.

Comme vous pouvez l'imaginer, cette période fut très difficile, malgré tout le mal que se donnèrent les médecins d'Addenbrooke pour me remettre dans l'état où j'étais avant ma visite en Suisse. Mon larynx, cependant, laissait toujours passer dans mes poumons la nourriture et la salive, ce qui les obligea à pratiquer une trachéotomie. Or la trachéotomie empêche de parler, et c'est dans ces circonstances que l'on réalise l'importance de la voix. Si elle est embarrassée, comme l'était la mienne, les gens peuvent penser que vous êtes mentalement déficient, et vous traiter en conséquence. Avant la trachéotomie, ma voix était si faible que seuls les gens qui me connaissaient bien pouvaient me comprendre. Même mes enfants avaient du mal, mais au moins nous communiquions. Juste après la trachéotomie, ma seule façon de communiquer était d'épeler les mots, lettre par lettre, en soulevant mes sourcils quand quelqu'un pointait la bonne lettre sur un alphabet.

Heureusement, un informaticien californien, Walt Woltosz, entendit parler de mes problèmes. Il m'envoya un logiciel baptisé Equalizer, qu'il venait de mettre au point. Grâce à lui, je pouvais sélectionner des mots entiers dans des séries de menus affichés sur l'écran de l'ordinateur de mon fauteuil, en pressant une souris que je tenais en main. Avec les années, le système a été perfectionné. J'utilise aujourd'hui le système Acat, développé par Intel, que je contrôle par des mouvements des joues *via* un petit capteur placé dans mes lunettes. Il comprend aussi un smartphone, qui me donne accès à Internet. Je peux me vanter d'être la personne la plus connectée au monde. Pour la voix, j'ai conservé mon ancien synthétiseur de parole, à cause de son très bon phrasé, mais aussi parce que j'ai fini par m'identifier à cette voix, malgré son accent américain.

C'est en 1982, à l'époque de mon travail sur la théorie « *no boundary* », que j'ai eu l'idée d'écrire un livre grand public sur l'Univers. Je pensais que ce serait une aide précieuse pour financer les études de mes enfants et le coût croissant de mes soins, mais la vraie raison était que je voulais raconter où nous en étions dans notre compréhension de l'Univers, et que nous étions tout près de trouver une théorie complète décrivant l'Univers et tout ce qui s'y trouve. En tant que chercheur, je dois évidemment poser des questions et trouver des réponses, mais je me sens aussi tenu d'expliquer à tous le sens de ma recherche.

Une brève histoire du temps parut judicieusement le 1er avril 1988. Il devait initialement s'appeler *Du Big Bang aux trous noirs. Une petite histoire du temps.* Le titre fut raccourci et « petite » devint « brève ». Le reste appartient à l'histoire.

Je n'avais jamais imaginé que ce livre marcherait si bien. De toute évidence, ma propre histoire – comment je suis devenu physicien théoricien et auteur de best-sellers malgré mon handicap – y est pour quelque chose. Tous les lecteurs ne l'ont peut-être pas lu jusqu'au bout, et il est possible qu'ils n'aient pas compris tout ce qui y est expliqué, mais au moins ont-ils pris la mesure d'une des grandes questions de notre existence, et saisi l'idée que nous vivons dans un univers gouverné par des lois que nous pouvons, grâce à la science, découvrir et comprendre.

Pour mes collègues, je suis un physicien parmi d'autres ; pour le grand public, je suis peut-être le plus célèbre des scientifiques vivants. C'est dû au fait que peu de savants, à part Einstein, ont accès au statut de rock star et, plus encore, que je colle parfaitement au stéréotype du génie handicapé. Je ne peux me camoufler avec une perruque et des lunettes noires, je serais trahi par mon fauteuil. Être célèbre et facilement reconnaissable a ses avantages et ses inconvénients, mais les avantages l'emportent. Les gens semblent vraiment heureux de me voir, et j'ai battu un record de nombre de spectateurs quand j'ai inauguré les Jeux paralympiques de Londres en 2012.

•

J'ai vécu des choses extraordinaires sur cette planète, et en même temps j'ai voyagé à travers l'Univers par la pensée, au moyen de mon cerveau et des lois de la physique. J'ai atteint les confins de la Galaxie, plongé dans un trou noir et je suis revenu à l'origine du temps. Sur Terre, j'ai eu des hauts et des bas, des moments calmes et d'autres agités, j'ai connu le succès et la souffrance. J'ai été riche et pauvre, en pleine forme et handicapé. On m'a loué et critiqué, mais jamais ignoré. Mon plus grand privilège a été de contribuer à notre compréhension de l'Univers. Mais cet Univers serait bien vide sans les gens que j'aime, et qui m'aiment. Sans eux, toutes ces merveilles s'évanouiraient.

Et, au bout du compte, le fait que nous, humains, qui sommes de simples assemblages de particules, en soyons venus à comprendre les lois qui nous gouvernent ainsi que notre Univers tout entier est un grand triomphe. Je veux faire partager ma passion pour ces grandes questions et mon enthousiasme pour cette quête.

Un jour, j'espère que nous connaîtrons les réponses à ces questions. Mais il y a d'autres défis, d'autres grandes questions à résoudre sur notre planète, et ces questions seront le lot d'une nouvelle génération concernée,

**De quoi rêviez-vous quand vous étiez enfant,
et cela s'est-il réalisé ?**
Je voulais être un grand savant, mais je n'étais
pas très bon à l'école – disons d'un niveau moyen.
J'étais un peu brouillon et j'écrivais très mal.
Heureusement, j'avais de bons amis. Nous parlions
de tout, de l'origine de l'Univers par exemple.
C'est ainsi qu'a commencé ma recherche,
et je suis heureux qu'elle ait abouti.

inventive et pleinement consciente des pouvoirs de la science. Comment allons-nous nourrir une population en pleine croissance, fournir à tous de l'eau potable, utiliser des énergies renouvelables, prévenir et guérir les grandes maladies, trouver des parades au changement climatique ? La science et la technologie trouveront des solutions, mais il faudra des gens, des êtres humains avec leurs connaissances et leur compréhension, pour les mettre en œuvre. Battons-nous pour que chaque femme et chaque homme puisse vivre en pleine santé et sécurité ses projets et ses amours. Nous sommes tous des voyageurs du temps, en route vers le futur. Alors faisons tout notre possible pour que ce futur soit accueillant.

Soyez courageux, soyez curieux, déterminés, renversez les obstacles. C'est à votre portée.

1

DIEU EXISTE-T-IL ?

La science ne cesse de s'immiscer dans ce qui fut jadis le domaine exclusif de la religion. La religion était une tentative de répondre aux questions que nous nous posons tous : pourquoi sommes-nous là, d'où venons-nous ? La réponse traditionnelle était que les dieux étaient responsables de tout. Comme le monde était un lieu effrayant, les gens – y compris un peuple aussi rude que les Vikings – croyaient que des êtres surnaturels se cachaient derrière les phénomènes naturels comme les éclairs, les tempêtes ou les éclipses. De nos jours, la science a des réponses plus convaincantes, mais beaucoup, qui ne comprennent pas la science et n'ont guère confiance en elle, s'en remettent toujours aux rassurantes explications religieuses.

Il y a quelques années, le *Times* titrait sa une : « Hawking : "Dieu n'a pas créé l'Univers" ». L'article était illustré. Le dessin montrait un Dieu vengeur de Michel-Ange, et il y avait une photo de moi, sur laquelle j'avais l'air très prétentieux. On aurait dit un duel entre moi et Dieu, alors que je n'ai rien contre lui. Mon travail ne prouve ni n'infirme l'existence de Dieu. Il consiste seulement à trouver une façon rationnelle de comprendre l'Univers.

Pendant des siècles, on croyait que les handicapés comme moi étaient victimes d'une sorte de châtiment divin. Il n'est pas exclu que j'aie sans le vouloir dérangé quelqu'un là-haut, mais je préfère penser que tout peut être expliqué autrement, en faisant appel aux lois de la nature. Si vous croyez en la science comme j'y crois, vous savez que certaines lois naturelles sont toujours en action. Bien sûr, vous pouvez dire que ces lois sont l'œuvre de Dieu, mais il y a là davantage une définition de Dieu qu'une preuve de son existence.

Vers 300 avant J.-C., le philosophe Aristarque était fasciné par les éclipses, spécialement les éclipses de Lune. Il se demanda courageusement si elles étaient vraiment causées par les dieux. Aristarque était un pionnier de la science. Après avoir soigneusement étudié la question, il en vint à une conclusion surprenante : une éclipse est en fait l'ombre de la Terre projetée sur la Lune, et non un événement divin. Libéré par cette découverte, il reconstitua ce qui se passait réellement dans le ciel et dessina des diagrammes montrant les positions respectives de la Terre, du Soleil et de la Lune. Et cela le mena à des conclusions plus remarquables encore. Il en déduisit que la Terre n'était pas le centre de l'Univers, comme chacun le pensait, mais qu'elle tournait autour du Soleil. De fait, cela permet d'expliquer toutes les éclipses. Quand la Lune projette son ombre sur la Terre, c'est une éclipse de Soleil ; quand la Terre projette son ombre sur la Lune, c'est une éclipse de Lune. Et Aristarque alla plus loin

encore. Il avança que les étoiles ne sont pas des lumi-
naires accrochés au ciel, ce qui était accepté de tous, mais
d'autres soleils, semblables au nôtre mais beaucoup plus
lointains. Quelle extraordinaire révélation ce dut être !
L'Univers est une machine gouvernée par des lois – lois
qui sont accessibles à l'esprit humain.

Je pense que la découverte de ces lois a été la plus
grande prouesse de l'humanité, car ce sont ces lois de la
nature qui vont nous dire si nous avons vraiment besoin
d'un Dieu pour expliquer l'Univers. Les lois de la nature
décrivent le comportement des choses dans le passé, le
présent et le futur. Au tennis, la balle va toujours exactement là où le prévoient les lois de la nature. Et beaucoup
d'autres lois sont aussi à l'œuvre. Elles gouvernent tout
ce qui se passe, de la façon dont l'énergie est produite
par les muscles du joueur jusqu'à la vitesse à laquelle
pousse l'herbe sous ses pieds. Mais ce qui est vraiment
important est que ces lois physiques, immuables, sont
aussi universelles. Elles s'appliquent au mouvement de
la balle de tennis, au mouvement des planètes et à tout
ce qui bouge dans l'Univers. Contrairement aux lois
des hommes, les lois de la nature sont éternelles – c'est
pourquoi elles sont si puissantes et, du point de vue des
religions, si controversées.

Si vous admettez, comme moi, que les lois de la nature
sont éternelles, alors vous devez vous demander quel est le
rôle de Dieu. Là se trouve la grande contradiction entre
science et religion, et bien que mes propres positions aient
fait la une des journaux, le conflit ne date pas d'hier. On
pourrait définir Dieu comme une incarnation des lois de la

nature, mais cela ne correspond pas à la conception la plus générale de Dieu, qui est plutôt vu comme un être avec qui il est possible d'avoir des relations personnelles. Quand on réalise la taille de l'Univers et l'insignifiance de la vie humaine en son sein, cela paraît vraiment peu plausible.

J'utilise le mot Dieu dans un sens impersonnel, comme le faisait Einstein, en lieu et place de « lois de la nature ». Ainsi, connaître l'esprit de Dieu revient à connaître les lois de la nature. Ma prédiction est que nous connaîtrons l'esprit de Dieu d'ici la fin de ce siècle.

L'unique domaine que la religion peut encore revendiquer est celui de l'origine de l'Univers. Même là, cependant, la science progresse et devrait bientôt pouvoir proposer une explication. J'ai publié un livre qui posait la question d'un dieu créateur. Il a fait beaucoup de bruit. Les gens trouvèrent scandaleux qu'un scientifique ait quelque chose à dire sur la religion. Mon but n'était pas de dire aux gens ce qu'ils doivent penser, mais pour moi, la question de l'existence de Dieu est une question scientifique. Après tout, il n'est guère de mystère plus important et fondamental que celui de savoir qui a créé et qui contrôle l'Univers.

Je pense que l'Univers s'est créé spontanément à partir de rien, en obéissant aux lois de la nature. La notion fondamentale de la science s'appelle le déterminisme. Les lois de la science déterminent l'évolution de l'Univers, à partir d'un état donné. Ces lois peuvent, ou non, avoir été décrétées par Dieu, mais ce dernier ne peut en aucun cas les modifier, sinon ce ne seraient pas des lois. Cela laisse à Dieu la liberté de choisir l'état initial de l'Univers, mais, même là, il semble qu'il y ait des lois. Dieu n'aurait donc aucune liberté.

Malgré la complexité et l'infinie diversité de l'Univers, il semble qu'il suffise de trois ingrédients pour le créer, trois ingrédients pour une recette de cuisine cosmique. Alors, quelles sont les trois choses nécessaires pour faire un univers ?

La première est la matière – tout ce qui a une masse. La matière est partout autour de nous, sous nos pieds et au-dessus de nos têtes. Poussière, roche, glace, liquides. De grands nuages de gaz, d'énormes spirales d'étoiles, chacune comprenant des milliards de soleils, s'étendant sur des distances incommensurables.

Le deuxième ingrédient est l'énergie. Même si vous n'y avez jamais pensé, tout le monde sait ce qu'est l'énergie. On a affaire à elle tous les jours. Tournez-vous vers le Soleil et vous sentirez sur votre visage l'énergie d'une étoile située à 150 millions de kilomètres de distance. C'est l'énergie, présente dans tout l'Univers, qui assure le déroulement des processus dynamiques qui s'y produisent et qui en fait le lieu du changement perpétuel.

On a donc la matière et l'énergie. Le troisième ingrédient pour faire un univers est l'espace. Beaucoup d'espace. On peut dire beaucoup de choses sur l'Univers, le qualifier de beau, d'impressionnant, de violent, mais on ne peut nier qu'il est grand. Où que nous regardions, on voit toujours davantage d'espace, encore, encore et toujours de l'espace dans toutes les directions. Il y a de quoi avoir le vertige. Alors, d'où viennent la matière, l'énergie et l'espace ? On n'en avait aucune idée jusqu'au XXe siècle.

La réponse est venue des intuitions d'un seul homme, sans doute le plus extraordinaire savant qui ait jamais vécu. Il s'appelait Albert Einstein. Je n'ai hélas jamais eu l'occasion de le rencontrer, puisque j'avais 13 ans quand il est mort. Einstein a compris une chose remarquable : deux des ingrédients pour faire un univers – la masse et l'énergie – sont un seul et même ingrédient, comme les deux faces d'une même pièce. Sa célèbre équation $E = mc^2$ signifie simplement que la masse m peut être vue comme une forme d'énergie E, et *vice versa*. Ainsi, il ne nous faut plus que deux ingrédients : l'énergie et l'espace. Mais alors, d'où viennent cette énergie et cet espace ? La réponse a été trouvée par les chercheurs après des décennies de dur labeur : l'espace et l'énergie sont apparus spontanément dans cet événement que l'on appelle maintenant le Big Bang.

Au moment du Big Bang, l'Univers entier est apparu, et avec lui l'espace. Il a aussitôt subi une formidable expansion, comme un ballon que l'on gonfle. Mais d'où venaient cet espace et cette énergie ? Comment un univers rempli d'énergie, d'un espace immense et de tout ce qui s'y trouve peut-il surgir de rien ?

C'est là que certains font intervenir un Dieu créateur de l'espace et de l'énergie. Le Big Bang fut le moment de la Création. Mais la science raconte une autre histoire. Au risque d'avoir des ennuis, je pense que l'on peut mieux comprendre les phénomènes naturels qui terrifiaient les Vikings. On peut même aller au-delà de la belle symétrie entre matière et énergie découverte par Einstein. On peut utiliser les lois de la nature aux origines mêmes de l'Univers et voir si l'explication divine est seule capable d'en rendre compte.

J'ai grandi en Angleterre, après la Seconde Guerre mondiale, dans une période d'austérité. On nous disait que l'on n'avait rien sans rien. Aujourd'hui, après une vie de travail, je crois qu'on peut avoir un univers à partir de rien.

Le grand mystère au cœur du Big Bang est d'expliquer comment un gigantesque univers d'espace et d'énergie peut se matérialiser à partir de rien. Le secret se trouve dans l'une des plus étranges propriétés du cosmos : les lois de la physique impliquent l'existence d'une « énergie négative ».

Pour bien saisir ce concept étrange mais crucial, je vais faire une analogie. Imaginez un homme qui veut édifier une colline sur un terrain plat. La colline représente l'Univers. Il va creuser un trou dans le sol et utiliser la terre pour édifier sa colline. Mais dès lors il ne fait pas qu'une colline, il fait aussi un trou, c'est-à-dire une colline en négatif. Ce qui était dans le trou est maintenant dans la colline, de sorte que l'équilibre global est inchangé. Tel est le principe qui est à l'origine de notre Univers.

Quand le Big Bang a produit une gigantesque énergie positive, il a aussi produit une énergie négative équivalente. Ainsi, positif et négatif s'annulent, ce qui est une autre loi de la nature.

Mais alors, où est aujourd'hui cette énergie négative ? Dans un de nos ingrédients : l'espace. Cela peut sembler bizarre mais selon les lois de la gravité et du mouvement – qui sont parmi les plus anciennement trouvées –, l'espace lui-même est un énorme réservoir d'énergie négative, en quantité suffisante pour que la somme soit nulle.

Je vous accorde, à moins que vous ne pratiquiez les mathématiques, que c'est difficile à admettre. C'est pourtant vrai. Le monstrueux réseau de milliards de milliards de galaxies s'attirant l'une l'autre par gravité se comporte comme un énorme dispositif de stockage. L'Univers est une batterie stockant l'énergie négative. L'aspect positif de la chose – la masse et l'énergie que nous voyons aujourd'hui – est l'analogue de la colline. Le trou correspondant, le côté négatif des choses, est réparti dans tout l'espace.

Quel impact cela a-t-il sur notre question de l'existence de Dieu ? Si la somme des énergies de l'Univers est nulle, alors il n'est nul besoin d'un Dieu pour le créer. Un univers ne se monnaye pas ; on l'a pour rien.

Maintenant que nous savons que le positif et le négatif s'annulent, il reste à savoir ce qui – ou qui – a déclenché le processus. Qu'est-ce qui pourrait bien causer l'apparition d'un univers ? Le problème semble *a priori* insoluble : dans la vie quotidienne, les choses ne surgissent jamais de rien. Il ne suffit pas de claquer des doigts pour avoir une tasse de café. Il faut pour l'obtenir du café, de l'eau et d'autres ingrédients comme du sucre ou du lait. Mais plongez dans cette tasse de café, glissez-vous entre les molécules d'eau jusqu'à l'échelle des atomes et au-delà, et vous entrerez dans un monde où il est possible d'avoir quelque chose pour rien. Au moins pendant un temps très bref. En effet, à cette échelle, les particules de la matière, comme les protons, se comportent selon les lois de la mécanique quantique. Et elles peuvent apparaître ici ou là, persister quelque temps, puis s'évanouir comme par enchantement pour réapparaître plus loin.

Le fait que l'Univers était initialement très petit – plus petit qu'un proton – a une étrange conséquence. L'Univers lui-même, dans toute sa complexité et son immensité, a très bien pu émerger du néant sans violer les lois de la nature. À partir de là, de gigantesques quantités d'énergie ont été libérées à mesure que l'espace commençait son expansion. Mais on en revient alors à la grande question : Dieu a-t-il créé les lois de la mécanique quantique qui ont permis à l'Univers de naître ? En bref, faut-il un Dieu pour que le Big Bang fasse « bang » ?

Je pense qu'il est très difficile à un chrétien de réconcilier deux mille ans de christianisme avec un Univers de 14 milliards d'années. C'est pourquoi je ne suis pas chrétien. Je ne veux froisser aucun croyant, mais je pense que la science est un meilleur choix qu'un créateur divin.

Notre expérience quotidienne nous incitant à penser que tout ce qui se passe doit être causé par une chose qui s'est passée auparavant, nous avons tendance à croire que quelque chose – peut-être Dieu – est à l'origine de l'Univers. Mais quand on parle de l'Univers en entier, ce n'est pas nécessairement le cas. Je m'explique. Imaginez une rivière coulant sur la pente d'une montagne. Quelle est la cause de la rivière ? Eh bien, peut-être la pluie qui est tombée plus tôt sur la montagne. Quelle est maintenant la cause de la pluie ? Une bonne réponse serait le

Soleil, qui est à l'origine de l'évaporation des océans et de l'apparition des nuages. Mais alors, qu'est-ce qui fait que le Soleil brille ? Le fonctionnement du Soleil est dû à la fusion de l'hydrogène en hélium, qui s'accompagne d'un considérable dégagement d'énergie. Très bien, mais d'où vient l'hydrogène ? Réponse : du Big Bang. Et ici arrive le moment crucial. Les lois de la nature nous disent que non seulement l'Univers a pu apparaître sans intervention extérieure, comme un proton, mais aussi qu'il est possible que rien n'ait causé le Big Bang. Rien.

L'explication se trouve dans les théories d'Einstein, et dans ses intuitions sur l'interdépendance de l'espace et du temps. Car quelque chose de merveilleux s'est produit à l'instant du Big Bang. Le temps lui-même est apparu.

Pour comprendre cette idée troublante, considérez un trou noir flottant dans l'espace. Un trou noir typique est une étoile massive qui s'est effondrée sur elle-même. Un trou noir est si massif que même la lumière ne peut échapper à sa gravité, ce qui explique pourquoi il est parfaitement noir. Et son attraction gravitationnelle est si forte qu'il perturbe non seulement la lumière, mais aussi le temps. Imaginez qu'une horloge soit attirée par un trou noir. À mesure qu'elle s'en approche, elle ralentit de plus en plus. Le temps lui-même commence à ralentir. Imaginez maintenant que l'horloge pénètre dans le trou noir, en supposant qu'elle soit capable de résister aux énormes forces gravitationnelles : l'horloge s'arrêterait. Non parce qu'elle serait cassée, mais parce qu'à l'intérieur d'un trou noir, le temps n'existe pas. Et c'était aussi le cas lors du commencement de l'Univers.

Quelle place Dieu occupe-t-il dans votre
compréhension du monde ? Et si Dieu existait
et que vous ayez l'occasion de le rencontrer,
que lui demanderiez-vous ?
Ma question serait : la façon dont l'Univers a
commencé a-t-elle été choisie par Dieu, pour des
raisons que nous ne pouvons comprendre, ou a-t-elle
été déterminée par les lois de la nature ? Moi, je
penche pour cette dernière réponse. Bien sûr, vous
pouvez appeler « Dieu » les lois de la nature, mais
alors ce ne serait pas un dieu auquel vous pourriez
poser des questions. Encore une question que je
lui poserais : avait-il pensé à quelque chose d'aussi
compliqué que la théorie M* à onze dimensions ?

Au cours du siècle dernier, nous avons fait des avancées considérables dans la compréhension de l'Univers. Nous connaissons désormais les lois qui s'appliquent dans toutes les conditions, sauf les plus extrêmes, comme le Big Bang ou les trous noirs. Le rôle du temps lors du Big Bang est selon moi l'ultime clé nécessaire pour écarter à jamais le besoin d'un créateur, et révéler comment l'Univers s'est créé lui-même.

Quand on remonte le temps vers le moment du Big Bang, l'Univers devient de plus en plus petit, jusqu'à se réduire à un point – un trou noir infiniment petit et de densité infinie. Et comme pour les trous noirs actuels, qui flottent autour de nous dans l'espace, les lois de la nature impliquent une propriété extraordinaire. Elles nous disent que là aussi, le temps doit s'arrêter. Il n'y a rien avant le Big Bang car le temps n'existait pas encore. Nous voilà enfin avec une chose qui n'a pas de cause, puisque la notion de cause n'a pas de sens hors du temps. Pour moi, cela implique qu'il ne peut pas y avoir eu de créateur : il n'y avait pas de temps dans lequel il aurait pu exister.

Les gens veulent des réponses aux grandes questions, comme « Pourquoi suis-je là ? ». Ils ne s'attendent pas à ce que les réponses soient simples et sont prêts à faire un effort de compréhension. Quand on me demande si Dieu a créé l'Univers, je réponds que la question n'a pas de sens. Puisque le temps n'existait pas avant le Big Bang, l'idée même d'une création est exclue. C'est un peu comme si quelqu'un demandait où se trouve le bord de la Terre : la Terre est une sphère, et une sphère n'a pas de bord.

Ai-je la foi ? Chacun de nous est libre de penser ce qu'il veut et, pour moi, l'explication la plus simple est qu'il n'y a pas de dieu. Personne n'a créé l'Univers et personne ne manipule le destin. Et cela me mène à une autre conséquence : il n'y a probablement ni paradis ni vie éternelle. Cette croyance ne repose sur aucune preuve tangible et contredit tout ce que nous apprend la science. Je pense que quand nous mourons, nous retournons à la poussière. Quelque chose pourtant nous survit : l'influence que nous avons eue sur nos proches, et surtout les gènes que nous avons transmis à nos enfants. Nous n'avons qu'une vie bien brève pour apprécier la structure de l'Univers, mais cela, en soi, est admirable.

2

COMMENT L'UNIVERS A-T-IL COMMENCÉ ?

« J e pourrais être enfermé dans une coquille de noix et me regarder comme le roi d'un espace infini », fait dire Shakespeare à Hamlet. Il entend par là que même si nous autres humains sommes limités physiquement (et spécialement moi), nous sommes aussi libres d'explorer l'Univers entier par la pensée, et d'atteindre des régions où même *Star Trek* aurait peur d'aller. L'Univers actuel est-il infini, ou seulement très grand ? A-t-il eu un commencement ? Durera-t-il longtemps ? Comment nos esprits finis pourraient-ils appréhender un univers infini ? L'entreprise n'est-elle pas terriblement prétentieuse ?

Au risque d'encourir le châtiment de Prométhée, qui vola aux dieux le feu pour le donner aux hommes, nous pouvons – et devons – essayer de comprendre l'Univers. Prométhée fut enchaîné à un rocher jusqu'à ce qu'il en soit délivré par Hercule. Nous avons fait de remarquables progrès dans la connaissance du cosmos, mais le tableau n'est pas encore terminé. J'aime à penser qu'il le sera bientôt.

Selon les Boshongo d'Afrique centrale, il n'y avait au commencement que de l'eau, des ténèbres et le grand dieu Bumba. Un jour Bumba, qui avait mal au ventre, vomit le Soleil. Le Soleil assécha l'eau, et les continents apparurent. Toujours malade, Bumba vomit la Lune, les étoiles et quelques animaux : le léopard, le crocodile, la tortue et enfin l'homme.

Les mythes de création, comme beaucoup d'autres, tentent de répondre aux questions que nous nous posons tous. Pourquoi sommes-nous là ? D'où venons-nous ? La réponse habituelle est que l'homme moderne a une origine récente, et que ses connaissances et sa technologie ne cessent de progresser. Une origine plus ancienne lui aurait permis de progresser davantage. Par exemple, selon l'évêque James Ussher, mort en 1656, la Genèse situe le commencement du temps le 22 octobre 4004 avant J.-C., à 18 heures. Par ailleurs, notre environnement, montagnes et rivières, change très peu dans la durée d'une vie humaine. On pouvait donc penser qu'il n'avait guère évolué ; soit il avait toujours existé, soit il avait été créé en même temps que les hommes.

L'idée que l'Univers a eu un commencement ne convenait pas à tout le monde. Aristote, par exemple, le plus fameux philosophe de l'Antiquité, pensait que l'Univers avait existé de toute éternité, une chose éternelle étant plus parfaite qu'une chose créée. Selon lui, l'impression d'évolution que chacun ressent venait de ce que les inondations et autres désastres naturels n'avaient cessé de ramener l'humanité à ses origines. Croire à un univers éternel a un autre avantage : cela permet d'éviter d'invoquer une intervention divine pour créer l'Univers et le mettre en mouvement. Au contraire, ceux qui croyaient que l'Univers avait un commencement faisaient appel à l'existence d'un dieu comme cause première et premier moteur de l'Univers.

Si l'on pensait que l'Univers avait eu un commencement, les questions étaient : « Que s'est-il passé avant le commencement ? Que faisait Dieu avant qu'il ne crée le monde ? Préparait-il l'enfer pour ceux qui poseraient de telles questions ? » Ce problème de savoir si l'Univers a eu un commencement était de la plus grande importance pour le philosophe allemand Emmanuel Kant. Il y voyait des contradictions logiques, que la réponse soit positive ou négative. Si ce fut bien le cas, pourquoi a-t-il fallu attendre un temps infini avant de le voir apparaître ? C'est ce qu'il appelait la « thèse ». Sinon, si l'Univers a toujours existé, pourquoi lui a-t-il fallu un temps infini pour atteindre son état actuel ? C'est ce qu'il appelait l'« antithèse ». Tout ce raisonnement, bien sûr, s'appuyait sur l'hypothèse largement acceptée d'un temps absolu. En d'autres termes, le temps allait de l'infini dans le passé à l'infini dans le futur, indépendamment de l'existence d'un éventuel univers.

Cette image est toujours bien ancrée chez nombre de physiciens contemporains. Pourtant, Einstein a introduit dès 1915 sa théorie révolutionnaire de la relativité générale. Avec elle, l'espace et le temps n'étaient plus des notions absolues, des étalons permettant de repérer les événements. Ils devenaient des entités dynamiques susceptibles d'être modifiées par la présence de matière et d'énergie. Définies au sein de notre Univers, ces notions n'ont pas de sens en dehors de lui. Parler d'un temps avant le début de l'Univers n'a aucun sens. Pas plus que de rechercher un point de la planète au sud du pôle Sud.

La théorie d'Einstein unifiait l'espace et le temps, mais n'en disait guère plus sur l'espace lui-même. Il semble évident que l'espace n'a pas de limite. Il ne se termine probablement pas par un mur de briques, quoique ce ne soit pas exclu. Les instruments modernes comme le télescope spatial Hubble nous permettent de voir très loin dans l'espace. On voit des milliards et des milliards de galaxies, de tailles et de formes différentes. Il y a des galaxies elliptiques géantes et des galaxies spirales comme la nôtre. Chaque galaxie contient des milliards et des milliards d'étoiles, dont beaucoup possèdent des planètes. Notre propre galaxie nous obscurcit la vue dans certaines directions, mais où que l'on regarde, les autres galaxies semblent distribuées à peu près uniformément, avec cependant des concentrations et des grands vides. À très grande distance, la densité des galaxies décroît, mais c'est peut-être parce qu'elles sont très lointaines et que notre vision est altérée. Pour autant qu'on le sache, l'Univers est infini, et homogène – identique à lui-même quel que soit le lieu d'observation.

Malgré cette homogénéité spatiale, l'Univers est en perpétuel changement temporel. On ne l'a compris qu'à la fin du XXe siècle. Jusque-là, on pensait qu'il n'avait guère évolué. Il existait peut-être depuis un temps infini, mais cela menait à des conclusions absurdes. Si les étoiles avaient brillé pendant un temps infini, elles auraient réchauffé l'Univers à leur propre température. Même la nuit, le ciel serait aussi brillant que le soleil, et dans toutes les directions on verrait une étoile ou un nuage de gaz aussi chaud qu'une étoile. Ainsi, le fait que le ciel soit noir la nuit est une observation d'une importance majeure. Il implique

que l'Univers ne peut avoir existé depuis toujours dans l'état où nous le voyons aujourd'hui. Quelque chose a dû se passer, qui a « allumé » les étoiles il y a un temps fini. Voilà pourquoi la lumière des étoiles très lointaines n'a pas eu le temps de nous atteindre. Cela explique pourquoi le ciel n'est pas aussi brillant la nuit qu'en plein jour.

Si les étoiles étaient là de toute éternité, pourquoi se seraient-elles allumées il y a quelques milliards d'années ? Quelle horloge a décidé qu'il était temps pour elles de briller ? Cette question a beaucoup préoccupé les philosophes, comme Kant, qui pensaient que l'Univers existait depuis toujours. Mais pour les autres, cela s'accordait bien avec le fait que l'Univers avait été créé, tel qu'il est aujourd'hui, il y a au plus quelques milliers d'années. Hélas, cette idée commença à s'effriter dans les années 1920, à la suite des observations faites au télescope du mont Wilson en Californie. Edwin Hubble y découvrit que de nombreux nuages lumineux, des nébuleuses, étaient en fait des galaxies lointaines. Leur distance est si grande qu'il faut des millions d'années, voire des milliards, à leur lumière pour nous atteindre. Cela prouvait que notre Univers n'avait pas quelques milliers d'années d'existence.

La seconde découverte de Hubble était plus remarquable encore. En analysant la lumière des galaxies lointaines, il put mesurer si elles s'éloignaient ou se rapprochaient de nous, et à quelle vitesse. À sa grande surprise, il observa qu'elles s'éloignent toutes, à une vitesse d'autant plus grande qu'elles sont plus éloignées. En d'autres termes, l'Univers est en expansion, et toutes les galaxies s'éloignent de toutes leurs voisines.

Cette découverte de l'expansion de l'Univers fut une des grandes révolutions intellectuelles du xxe siècle. Parfaitement inattendue, elle modifia radicalement les discussions sur l'origine de l'Univers. Si les galaxies s'éloignent les unes des autres, c'est qu'elles étaient plus proches dans le passé. En tenant compte du taux d'expansion actuel, on peut estimer qu'elles étaient toutes réunies il y a 10 à 15 milliards d'années. Lors de son commencement, l'Univers était donc rassemblé en un seul point de l'espace.

Cette idée d'un début de l'Univers mécontentait certains scientifiques, car cela impliquait que la physique ne s'y appliquait plus. Selon eux, il faudrait faire intervenir un agent extérieur, que l'on peut, pourquoi pas, appeler Dieu. Ils proposèrent donc des théories dans lesquelles l'Univers était bien en expansion aujourd'hui, mais n'avait pas eu de commencement. L'une de ces théories était celle de l'état stationnaire, proposée par Hermann Bondi, Thomas Gold et Fred Hoyle en 1948.

Selon cette théorie, l'espace était le lieu d'une création de matière incessante, de sorte que de nouvelles galaxies pouvaient apparaître au fur et à mesure de l'expansion. L'Univers avait toujours existé et avait toujours eu le même aspect. Et cette propriété présentait l'avantage d'être testable par l'observation. Le groupe de radioastronomie de Cambridge, dirigé par Martin Ryle, s'intéressa aux faibles sources radio au début des années 1960. Elles étaient distribuées uniformément, ce qui impliquait que la plupart se trouvaient en dehors de notre galaxie. En moyenne, les sources les plus faibles étaient les plus lointaines. La théorie de l'état stationnaire prédisait une relation entre le nombre des sources et leur intensité, mais les observations trouvèrent davantage de sources que prévu, ce qui indiquait des sources plus intenses dans le passé. Or la base de la théorie était que l'Univers n'avait jamais changé d'aspect. Pour cette raison, et pour quelques autres, la théorie de l'état stationnaire fut abandonnée.

Il y eut une autre tentative pour éviter un début à l'Univers : l'idée qu'il avait été précédé d'une phase de contraction. Mais à cause de la rotation et des irrégularités locales, la matière ne se serait pas retrouvée en un même point. En fait, l'Univers entrerait à nouveau en expansion, en gardant une densité finie. Deux chercheurs russes, Evgueni Lifchitz et Isaak Khalatnikov, prétendirent avoir montré qu'une contraction globale sans symétrie parfaite se traduirait par un rebond et une nouvelle expansion. Ce résultat convenait très bien au matérialisme dialectique marxiste-léniniste, car il évitait la question épineuse de l'origine de l'Univers. Les scientifiques soviétiques l'adoptèrent.

C'est précisément à cette époque que je commençai mes recherches en cosmologie. Je reconnaissais l'importance de la question de l'origine, mais je n'étais pas convaincu par les arguments de Lifchitz et Khalatnikov.

Nous sommes habitués à ce que les événements soient causés par d'autres événements, eux-mêmes causés par d'autres événements, et que tous forment une chaîne de causalité plongeant dans le passé. Mais supposons que cette chaîne ait eu un début, supposons qu'il y ait eu un premier événement. Quelle était sa cause ?

Bien peu de chercheurs se posaient alors cette question. Beaucoup tentaient de l'éviter, soit en proclamant, comme les Russes et les partisans de l'état stationnaire, que l'Univers n'a pas eu de commencement, soit en affirmant que l'origine de l'Univers n'est pas du ressort de la science, mais de celui de la métaphysique et de la religion. Selon moi, ces deux positions étaient erronées. Si les lois de la physique ne sont plus valables à l'origine de l'Univers, pourquoi seraient-elles valables à d'autres moments ? Une loi est toujours une loi. Nous devons comprendre l'origine de l'Univers au moyen de la science. C'est peut-être une tâche impossible, mais nous devons essayer.

Roger Penrose et moi avons réussi à prouver des théorèmes de géométrie pour montrer que l'Univers doit avoir un début si la théorie de la relativité générale d'Einstein est correcte, et si certaines conditions sont satisfaites. Comme il est difficile de nier un théorème mathématique, Khalatnikov et Lifchitz finirent par concéder que l'Univers a bien eu une origine. Cela n'était pas en accord avec leur idéologie, mais l'idéologie ne doit jamais entraver la marche de la science. Souvenons-nous que l'idéologie soviétique a durablement freiné le progrès de la biologie en niant les résultats de la génétique.

Les théorèmes que nous avons démontrés avec Roger Penrose montraient que l'Univers a eu un début, mais ils ne donnaient guère d'informations sur la nature de ce début. Ils indiquaient qu'il a commencé par un point de densité infinie, une singularité d'espace-temps. En ce point, la relativité générale ne s'applique pas, et l'on ne peut l'utiliser pour prédire de quelle manière l'Univers a commencé. Cette origine semblait devoir rester à jamais en dehors du champ de la science.

La preuve observationnelle de l'idée que l'Univers avait eu un commencement de densité infinie arriva en octobre 1965, quelques mois avant mon premier résultat sur les singularités, avec la découverte d'un faible fond de rayonnement micro-ondes réparti dans tout l'espace. Ces micro-ondes sont les mêmes que celles du four de votre cuisine, mais bien moins puissantes. Elles ne pourraient chauffer votre pizza qu'à −270,4 °C : elles ne la décongèleraient même pas. Ces micro-ondes, vous pouvez les observer chez vous, si vous avez gardé une télévision à tube cathodique. Réglez-la sur un canal pris au hasard : une petite partie de la « neige » que vous voyez sur l'écran est due au fond de rayonnement cosmique. La seule interprétation raisonnable de ce phénomène est qu'il s'agit de l'écho radiatif très affaibli d'un état primitif de très haute densité. À la suite de l'expansion de l'Univers, ce rayonnement s'est refroidi jusqu'à la température très basse qu'il a aujourd'hui.

Que l'Univers ait commencé par une singularité n'était pas du goût de tout le monde ni, je dois l'avouer, du mien. La raison pour laquelle la relativité générale d'Einstein cessait de s'appliquer au moment du Big Bang est qu'il s'agissait d'une théorie « classique ». Cela signifie qu'elle présuppose que chaque particule a une position et une vitesse bien définies. Dans une telle théorie, si l'on connaît les positions et les vitesses de toutes les particules de l'Univers à un moment donné, on peut calculer leur état à tout moment du passé ou du futur. Cependant, au cours du XXe siècle, les physiciens ont découvert qu'ils ne pouvaient calculer exactement ce qui se passait à très courte distance. Ce n'est pas que leur théorie était défaillante, mais que la nature elle-même semblait s'accommoder d'un certain degré d'incertitude ou de hasard. Cela est exprimé dans le principe d'incertitude formulé en 1925 par le physicien allemand Werner Heisenberg : on ne peut prédire avec précision, simultanément, la position et la vitesse d'une particule. Plus la position est précise, moins la vitesse le sera, et inversement.

Einstein s'opposait fermement à ce que l'Univers soit régi par le hasard, ce qu'il exprima dans un mot célèbre : « Dieu ne joue pas aux dés. » Pourtant, tout indique que Dieu est un sacré joueur. L'Univers est un casino géant où les dés sont jetés sans cesse, et où la roulette n'arrête pas de tourner. À chaque coup de dés, à chaque tour de roulette, le propriétaire du casino risque d'y laisser sa fortune. Mais, sur un très grand nombre de coups, il est sûr d'en sortir gagnant, en moyenne. C'est pourquoi les propriétaires de casinos sont aussi riches. La seule façon de gagner contre eux, c'est de miser tout votre argent sur quelques coups de dés, ou quelques tours de roulette.

Il en va de même de l'Univers. Quand il est grand, il y a un nombre considérable de coups de dés, et les résultats se stabilisent autour d'une valeur moyenne calculable. Mais quand il est très petit, comme c'était le cas au voisinage du Big Bang, le nombre de coups de dés est faible et le principe d'incertitude entre en jeu. Ainsi, pour comprendre l'origine de l'Univers, il faut marier le principe d'incertitude à la relativité générale d'Einstein. Cela a constitué un énorme défi pour la physique théorique dans ces trente dernières années, et de grands progrès ont été réalisés.

Supposez que vous vouliez prédire le futur. Comme on ne connaît qu'une combinaison de la position et de la vitesse d'une particule, on ne peut prédire ces grandeurs dans le futur avec précision. On peut seulement assigner une certaine probabilité à des combinaisons particulières de positions et de vitesses. Un état particulier du futur aura donc une certaine probabilité. Supposez maintenant que vous vouliez comprendre le passé de la même manière.

À partir des observations d'aujourd'hui, tout ce que vous pouvez faire est d'assigner une probabilité à une histoire particulière de l'Univers. L'Univers doit donc avoir plusieurs histoires possibles, chacune avec sa propre probabilité. Il y a une histoire où l'Angleterre gagne à nouveau la Coupe du monde de football, mais elle a une faible probabilité. L'idée que l'Univers puisse avoir plusieurs avenirs ressemble à de la science-fiction, mais il s'agit d'un fait scientifique. On la doit au grand physicien Richard Feynman, du Caltech, à qui il arrivait de jouer du bongo dans les boîtes de nuit du voisinage. Il expliquait qu'il fallait attribuer une probabilité à chaque histoire possible, et faire des prédictions en conséquence. Comme cela marche remarquablement bien pour prédire l'avenir, on suppose que cela marche aussi pour remonter dans le passé.

Les chercheurs travaillent aujourd'hui à combiner la relativité générale d'Einstein avec l'idée des histoires multiples de Feynman, dans une théorie unifiée capable de tout décrire dans l'Univers. Cette théorie unifiée nous permettra de calculer comment l'Univers va évoluer, connaissant son état à un moment donné. Mais cette théorie ne nous dira pas comment l'Univers a commencé, ni quel était son état initial. Pour cela, il faudrait que nous connaissions ses « conditions aux limites », ce qui se passe aux frontières de l'Univers, au bord de l'espace-temps. Si le bord de l'Univers est un point de l'espace-temps comme un autre, on peut toujours aller au-delà et revendiquer pour l'Univers le nouvel espace parcouru. En revanche, si cette frontière est incertaine, sans espace ni temps bien définis, et avec une densité infinie, il sera très difficile de définir les conditions aux limites. Le choix de ces conditions n'est donc pas évident, et ne peut se faire de façon logique.

Pourtant, Jim Hartle, de l'Université de Californie à Santa Barbara, et moi avons compris qu'il y avait une troisième possibilité : peut-être l'Univers n'a-t-il pas de frontière d'espace et de temps. À première vue, cela semble être en contradiction avec les théorèmes géométriques mentionnés plus haut, qui montrent que l'Univers doit avoir eu un commencement, une frontière dans le temps. Pour rendre utilisables les techniques mathématiques de Feynman, les mathématiciens ont développé ce qu'on appelle le temps imaginaire, qui n'a rien à voir avec notre temps ordinaire. Il s'agit d'un truc mathématique qui permet de faire des calculs et de se débarrasser des problèmes de conditions aux limites. C'est l'hypothèse « *no boundary* » de l'Univers sans bord.

Si la condition aux limites de l'Univers est qu'il n'a pas de frontière en temps imaginaire, alors il n'a pas une histoire unique. Il a plusieurs histoires en temps imaginaire, et chacune détermine une histoire en temps réel. L'Univers a donc une surabondance d'histoires. Mais alors, qu'est-ce qui détermine le choix d'une histoire particulière, ou l'ensemble d'histoires que nous vivons, à partir de l'ensemble de toutes les histoires possibles ?

On peut déjà noter que beaucoup de ces histoires possibles ne comporteront pas la séquence de formation des étoiles et des galaxies, essentielle à notre évolution. On peut imaginer des êtres vivants évoluant sans galaxies ni étoiles, mais c'est fort peu probable. Ainsi, le fait même que nous existions en tant qu'êtres capables de poser la question « Pourquoi l'Univers est-il tel qu'il est ? » représente déjà une restriction quant au choix d'une histoire. Il implique en effet que l'histoire de l'Univers fait partie de cette minorité d'histoires dans lesquelles sont apparues des étoiles et des galaxies. C'est un exemple de ce qu'on appelle le principe anthropique. Ce principe stipule que l'Univers doit être tel qu'il est, car sinon il n'y aurait personne pour l'observer.

Beaucoup de scientifiques n'aiment pas le principe anthropique, qu'ils jugent *ad hoc* et dénué de pouvoir prédictif. Pourtant, on peut en donner une formulation précise, ce qui est tout de même essentiel quand il s'agit de l'origine de l'Univers. La « théorie M », qui est aujourd'hui notre meilleure candidate pour une théorie unifiée, autorise un grand nombre d'histoires possibles pour l'Univers. La plupart sont impropres au développement de la vie intelligente, car dénuées de matière, trop brèves, trop incurvées, trop « quelque chose » en tout cas. Pourtant, selon l'idée des histoires multiples de Richard Feynman, ces histoires inhabitées ne sont nullement improbables.

Peu importe, au fond, combien d'histoires sans êtres intelligents il peut y avoir. Seules nous intéressent celles où la vie est susceptible de se développer. Et il ne s'agit pas nécessairement d'êtres humains ; des petits hommes verts feraient aussi bien l'affaire. Et peut-être même mieux que nous : l'humanité n'a pas un score remarquable en matière de comportement intelligent.

Pour donner un exemple de la puissance du principe anthropique, considérons le nombre de dimensions de l'espace. Chacun sait que nous vivons dans un espace à trois dimensions. En d'autres termes, on peut représenter la position d'un point quelconque par trois nombres. Par exemple, la latitude, la longitude et l'altitude au-dessus du niveau de la mer. Mais pourquoi l'espace a-t-il trois dimensions ? Pourquoi pas deux, ou quatre, comme dans certaines histoires de science-fiction ? De fait, dans la théorie M, l'espace a dix dimensions. Sept d'entre elles étant supposées enroulées très étroitement sur elles-mêmes, et imperceptibles, il resterait bien trois dimensions perceptibles. C'est un peu comme une paille : sa surface a deux dimensions, mais l'une d'elles est enroulée sur elle-même de sorte que, vue de loin, elle semble être une ligne à une dimension.

Pourquoi ne vivons-nous pas dans une histoire où huit des dimensions sont enroulées, ce qui ne laisserait que deux dimensions perceptibles ? Un animal à deux dimensions aurait beaucoup de mal à digérer sa nourriture. Son intestin, en effet, le diviserait en deux parties : ce ne serait plus un « individu ». Deux dimensions sont donc insuffisantes pour une chose aussi compliquée que la vie intelligente. Un espace à trois dimensions a quelque chose de particulier : les planètes peuvent y avoir des orbites stables autour de leur étoile. C'est une conséquence de la loi de gravitation en carré inverse de la distance, découverte par Robert Hooke en 1665 et mise en œuvre par Isaac Newton. Si l'on double la distance entre deux corps, la force qui les attire l'un vers l'autre est divisée par quatre. S'il y avait quatre dimensions, la force d'attraction gravitationnelle entre deux corps, qui décroît comme le carré de la distance, diminuerait comme le cube de la distance. Au lieu d'être quatre fois plus faible quand la distance est doublée, elle serait huit fois plus faible. Cela signifierait que les planètes n'auraient pas une orbite stable autour du Soleil. Soit elles tomberaient sur le Soleil, soit elles s'échapperaient vers les profondeurs de l'espace. De même, les orbites des électrons dans les atomes seraient instables, et la matière telle que nous la connaissons ne pourrait exister. Ainsi, parmi toutes les histoires possibles, seules celles à trois dimensions sont susceptibles de contenir des êtres intelligents. C'est seulement dans ces histoires que l'on peut se demander pourquoi l'espace a trois dimensions.

Une propriété remarquable de notre Univers concerne le fond micro-ondes découvert en 1965 par Arno Penzias et Robert Wilson. Il s'agit du reste fossile du rayonnement de l'Univers à ses débuts. Ce rayonnement est très isotrope, semblable dans toutes les directions de l'espace, les différences d'une direction à l'autre n'excédant pas le cent millième. Cette extraordinaire isotropie nécessite une explication. Le mécanisme ordinairement retenu

Qu'y avait-il avant le Big Bang ?
D'après le modèle de l'Univers sans bord, se poser
la question de ce qu'il y avait avant le Big Bang n'a
pas de sens – ce serait comme se demander
ce qu'il y a au sud du pôle Sud – car, alors, la notion
de temps n'existe pas encore. Le temps n'existe
qu'au sein de notre Univers.

pour homogénéiser ainsi l'Univers s'appelle l'inflation :
une expansion accélérée multipliant les dimensions de
l'Univers un milliard de milliards de milliards de fois.
Mais si cette inflation a été si efficace, à quoi sont dues
les petites hétérogénéités restantes ?

En 1982, j'ai écrit un article proposant que ces fluctuations quantiques ont été les germes des structures de
l'Univers – les galaxies, les étoiles et nous. La même idée
se trouvait à la base de ce qu'on appelle aujourd'hui le
rayonnement de Hawking émis par l'horizon des trous
noirs, que j'avais proposé dix ans plus tôt, sauf qu'il s'agissait ici de l'horizon cosmologique. Nous avons organisé,
cet été-là, un colloque à Cambridge, auquel participèrent
tous les ténors du domaine. On y définit les grandes
lignes de l'inflation, y compris les fameuses fluctuations
de densité qui donnèrent naissance aux galaxies, et à
nous-mêmes. Beaucoup de gens contribuèrent au résultat final. C'était dix ans avant que le satellite COBE,
en 1993, ne donne une image bien tangible du fond
de rayonnement micro-ondes. Pour une fois, la théorie
venait avant l'expérience.

C'est dix ans plus tard que la cosmologie devint une
science de précision avec, en 2003, les premiers résultats
du satellite WMAP. Il fournit une merveilleuse carte de
la température du fond de rayonnement cosmique, un
instantané de notre Univers quand il avait à peu près
le centième de son âge actuel. Les irrégularités que l'on
y voit sont prédites par l'inflation ; elles impliquent que
certaines régions de l'Univers avaient des densités légèrement différentes des autres. Lors de l'inflation, l'attraction

gravitationnelle a ralenti l'expansion dans ces régions, où la matière a pu se rassembler pour former les étoiles et les galaxies. Regardez bien la carte du fond de rayonnement cosmique. C'est l'empreinte de toute la structure de l'Univers. Nous sommes le produit des fluctuations quantiques de l'Univers primordial. Dieu joue bien aux dés.

Le satellite Planck est le successeur de WMAP, avec une résolution encore meilleure. Il teste nos théories du tout début de l'Univers et verra peut-être la trace des ondes gravitationnelles prédites par l'inflation : la gravité quantique inscrite dans le ciel !

Il y a peut-être d'autres univers. La théorie M prédit qu'un nombre incalculable d'univers ont été créés à partir de rien, correspondant à autant d'histoires possibles. Chaque univers a lui-même plusieurs histoires possibles et plusieurs états possibles dans le futur, longtemps après sa création. Mais la plupart de ces états ne ressemblent guère à l'univers qui est le nôtre.

Il n'est pas encore exclu que l'on trouve un indice de la théorie M au LHC*, l'accélérateur de particules européen. Il n'explore que les basses énergies, du point de vue de la théorie M, mais il pourrait avoir la chance de capter un signal d'une théorie fondamentale, comme la supersymétrie**. Je pense que la découverte de partenaires supersymétriques des particules connues révolutionnerait notre compréhension de l'Univers.

---

* LHC : Large Hadron Collider, ou Grand Collisionneur de hadrons, en l'occurrence des protons, situé à Genève (*NdT*).
** La supersymétrie, une possible « théorie du Tout » unifiant la matière et les forces, associe à chaque particule un partenaire supersymétrique.

En 2012, le CERN a annoncé la découverte, au LHC, du « boson de Higgs ». C'était la première découverte d'une particule nouvelle au XXIe siècle. On espère que la supersymétrie se manifestera aussi au LHC, mais, même si ce n'est pas le cas, elle pourrait se montrer dans les futures générations d'ordinateurs.

Le commencement de l'Univers dans un Big Bang chaud est l'ultime laboratoire pour tester la théorie M et nos idées sur les briques fondamentales de la matière et de l'espace-temps. Les diverses théories laissant des traces différentes dans la structure actuelle de l'Univers, les calculs et les observations des astrophysiciens peuvent nous donner des indices sur l'unification des forces de la nature. Quoi qu'il en soit, il est possible qu'il y ait d'autres univers mais, malheureusement, on ne pourra jamais les explorer.

Nous avons parlé de l'origine de l'Univers, mais il y a deux autres questions : l'Univers finira-t-il ? Et est-il unique ?

Qu'adviendra-t-il des histoires d'univers les plus probables ? Plusieurs alternatives semblent compatibles avec l'apparition d'êtres intelligents, et elles dépendent de la quantité de matière dans l'Univers. S'il y en a plus qu'une certaine densité critique, l'attraction gravitationnelle entre les galaxies ralentira l'expansion. Les galaxies finiront par tomber les unes sur les autres dans un Big Crunch qui marquera la fin de l'Univers. Quand j'étais en Extrême-Orient, on m'a demandé de ne pas parler du Big Crunch, car cela pourrait faire chuter la Bourse. C'était peut-être justifié car il se trouve que la Bourse, depuis lors, a chuté. Chez nous, les gens ne se soucient guère d'une fin éventuelle dans 20 milliards d'années. Ils ont tout le temps d'ici là de boire, de manger et d'être heureux.

Si la densité de l'Univers est inférieure à la valeur critique, la gravité sera trop faible pour empêcher les galaxies de s'éloigner les unes des autres à jamais. Toutes les étoiles s'éteindront et l'Univers deviendra de plus en plus vide et de plus en plus froid. Tout s'arrêtera, donc, mais de façon moins spectaculaire. Et ce sera aussi dans quelques milliards d'années.

Dans ma réponse, j'ai tenté d'expliquer les origines, le futur et la nature de l'Univers. Il a commencé sous la forme d'une petite sphère légèrement aplatie. Un objet qui n'est pas sans rappeler la coquille de noix dont je suis parti. Et cette noix contenait en elle tout ce qui est susceptible de se produire. Hamlet avait donc raison. Nous pourrions être enfermés dans une coquille de noix, et nous considérer comme les rois d'un espace infini.

3

Y A-T-IL DE LA VIE INTELLIGENTE AILLEURS ?

Dans ce chapitre, j'aimerais spéculer un peu sur le développement de la vie dans l'Univers et, en particulier, sur le développement de la vie intelligente. J'y inclurai l'espèce humaine, quoiqu'elle se soit montrée souvent bien stupide au cours de l'histoire et peu soucieuse de la survie des espèces. Je discuterai deux questions : « Quelle est la probabilité qu'il y ait de la vie ailleurs dans l'Univers ? » et « Comment la vie va-t-elle évoluer ? »

C'est une observation courante que les choses deviennent de plus en plus désordonnées et chaotiques avec le temps. En physique, cela se traduit par le deuxième principe de la thermodynamique qui stipule que la quantité totale de désordre, l'entropie, croît toujours avec le temps. Notez bien que le principe évoque la quantité totale de désordre. L'ordre peut très bien croître à un endroit, pourvu que le désordre ailleurs soit supérieur.

C'est ce qui se produit avec les êtres vivants. On pourrait même définir la vie comme un système ordonné qui se maintient contre la tendance généralisée au désordre, et est capable de se reproduire, c'est-à-dire de produire des systèmes ordonnés similaires, mais indépendants. Pour y parvenir, le système doit convertir de l'énergie ordonnée – nourriture, lumière du Soleil, électricité – en énergie désordonnée, sous forme de chaleur. Ainsi, le système satisfait le deuxième principe qui veut que la quantité totale de désordre augmente tandis que, dans le même temps, son propre ordre et celui de ses descendants augmentent. Cela évoque des parents vivant dans une maison qui deviendrait de plus en plus mal rangée à mesure qu'arrivent de nouveaux bébés.

Un être vivant comme vous et moi a généralement deux éléments fondamentaux : une liste d'instructions expliquant comment survivre et se reproduire, et un mécanisme pour mettre en œuvre ces instructions. En biologie, on parle de gènes et de métabolisme, mais il faut souligner que cela ne s'applique pas qu'à la biologie. Par exemple, un virus d'ordinateur est un programme qui se reproduit dans la mémoire de l'ordinateur et se transmet à d'autres ordinateurs. Il satisfait donc à la définition du vivant que j'ai donnée plus haut. Comme un virus biologique, il s'agit d'un être vivant très élémentaire puisqu'il ne contient que des instructions, ou gènes, mais n'a pas de métabolisme propre. En revanche, il reprogramme le métabolisme de l'ordinateur hôte. On se demande parfois si un virus est un être vivant, car il s'agit d'un parasite, incapable de se reproduire seul. Je pense que les virus informatiques sont vivants. Et le fait qu'ils soient destructeurs dit peut-être quelque chose sur la nature humaine. Une vie créée à notre image, en somme. Je reviendrai plus loin sur les formes électroniques de la vie.

Ce que nous entendons ordinairement par « vie » est constitué de chaînes d'atomes de carbone, associées à quelques autres atomes comme l'azote ou le phosphore. On peut certes s'interroger sur la possibilité d'une vie au silicium, mais le carbone y est plus favorable, car plus riche du point de vue chimique. L'existence même des atomes de carbone, et de leurs propriétés particulières, résulte d'un subtil ajustement de constantes physiques, comme la constante de couplage de l'interaction forte, la charge électrique, et même la dimension de l'espace-temps. Si ces constantes avaient été différentes, le noyau de l'atome de carbone serait instable, ou ses électrons s'effondreraient sur son noyau. *A priori*, il paraît extra-ordinaire que l'Univers soit si finement ajusté. Est-ce une preuve qu'il a été spécialement conçu pour accueillir l'humanité ? Il faut être prudent avec de tels arguments, à cause de ce qu'on appelle le principe anthropique. Il stipule une évidence, à savoir que si l'Univers n'avait pas été apte à abriter la vie, nous ne serions pas là pour nous poser la question de son existence. Ce principe a deux versions, l'une forte et l'autre faible. Le principe anthropique fort affirme qu'il existe une grande quantité d'univers, chacun avec des valeurs différentes des constantes physiques. Dans certains d'entre eux, ces valeurs permettent l'émergence d'atomes de carbone susceptibles de constituer des systèmes vivants. Comme nous vivons nécessairement dans un de ces univers, il n'y a rien d'étonnant à ce que ses constantes soient finement ajustées. Si ce n'était pas le cas, nous ne serions pas là. Mais ce principe fort n'est guère satisfaisant. Quelle signification, en effet, doit-on y donner à tous les autres univers ? Et, s'ils sont distincts du nôtre, comment ce qui s'y passe peut-il nous affecter ? Le principe anthropique faible est bien plus raisonnable ; il consiste à prendre les valeurs des constantes telles qu'elles sont, et à tirer les conséquences du fait que la vie existe sur cette planète, à ce moment de l'histoire de l'Univers.

Le carbone n'existait pas il y a 13,8 milliards d'années, au moment du Big Bang. La température était si élevée que la matière était sous forme de particules élémentaires, protons et neutrons. Initialement, il devait y avoir autant de protons que de neutrons. Mais à cause de son expansion, l'Univers s'est refroidi. Environ une minute après le Big Bang, la température est « tombée » à 1 milliard de degrés, soit cent fois la température à l'intérieur du Soleil. Et les neutrons ont commencé à se désintégrer pour donner des protons.

S'il ne s'était rien passé d'autre, toute la matière de l'Univers serait constituée de l'élément chimique le plus simple, l'hydrogène, dont le noyau est constitué d'un unique proton. Mais certains neutrons sont entrés en collision avec des protons et ont formé l'élément suivant, l'hélium, dont le noyau est constitué de deux protons et deux neutrons. Puis le processus s'est arrêté. À cause de la température, des éléments plus lourds comme le carbone ou l'oxygène n'ont pu apparaître, et encore moins s'assembler pour former des molécules. Il n'existe pas de vie à partir d'hydrogène et d'hélium.

L'Univers, poursuivant son expansion, se refroidissait. Certaines régions avaient des densités légèrement supérieures aux autres, et leur attraction gravitationnelle ralentissait leur expansion, parvenant parfois à l'arrêter. C'est là qu'apparurent les galaxies et les étoiles, par effondrement gravitationnel de ces régions, et ce processus a commencé environ 2 milliards d'années après le Big Bang. Certaines des premières étoiles devaient être plus grosses et plus chaudes que le Soleil. Elles ont brûlé l'hydrogène et l'hélium pour forger des éléments plus lourds, comme le carbone, l'oxygène ou le fer. Cela n'aurait pris que quelques millions d'années. Par la suite, certaines de ces étoiles explosèrent en supernovae, disséminant dans l'espace leurs éléments lourds, qui devinrent la matière première des futures générations d'étoiles.

D'autres étoiles sont trop éloignées pour que l'on puisse voir directement si elles possèdent un système planétaire. Cependant, deux techniques permettent de s'en assurer. La première consiste à rechercher des variations régulières de la lumière émise par l'étoile. Ces variations peuvent être dues au passage d'une planète devant l'étoile. La deuxième méthode consiste à mesurer très précisément la position de l'étoile. Si une planète tourne autour, la position de l'étoile variera très légèrement. À nouveau, si cette variation est périodique, elle peut signaler la présence d'une planète. Cette recherche a commencé il y a une vingtaine d'années, et l'on a depuis lors trouvé quelques milliers de planètes autour d'autres étoiles que le Soleil. On estime qu'une étoile sur cinq possède une planète semblable à la Terre, où la vie a pu se développer.

Notre Système solaire s'est formé il y a environ 4,5 milliards d'années, soit quelque 9 milliards d'années après le Big Bang, à partir de gaz ensemencé de restes d'étoiles disparues. La Terre est surtout constituée d'éléments lourds, dont le carbone et l'oxygène. D'une façon ou d'une autre, ces atomes se sont assemblés pour former les molécules d'ADN. Cette molécule est la fameuse double hélice découverte dans les années 1950 par Francis Crick et James Watson à Cambridge. Les deux brins de la molécule sont liés par des paires d'acides nucléiques – adénine, cytosine, guanine et thymine. L'adénine d'un brin s'apparie toujours avec la thiamine de l'autre brin, et la guanine avec la cytosine. Ainsi, la séquence d'acides nucléiques d'un brin détermine la séquence complémentaire sur l'autre brin. On peut donc séparer ces brins, ils reconstitueront tout seuls la séquence complémentaire. C'est ainsi que cette molécule se reproduit, et propage l'information génétique, qui est codée par la séquence des acides nucléiques. Certaines parties de cette séquence permettent de construire des protéines et d'autres composés capables de transporter les instructions et d'assembler les molécules nécessaires à la fabrication d'une nouvelle molécule d'ADN.

Comme je l'ai dit plus haut, on ne sait pas comment les molécules d'ADN sont apparues. Les chances pour qu'une telle molécule surgisse par hasard étant très faibles, certains ont prétendu que la vie est venue d'ailleurs – de Mars par exemple, lors de la formation du Système solaire, ou de bien plus loin si des germes de vie étaient disséminés dans la galaxie. Mais il est peu probable qu'une molécule d'ADN puisse survivre aux rayonnements de l'espace.

Si l'apparition de la vie sur une planète était très peu probable, on conçoit qu'il ait fallu l'attendre longtemps. Plus précisément, on aurait pu s'attendre à ce que la vie apparaisse très tard, mais juste à temps pour que l'évolution des êtres intelligents, comme nous, se produise avant l'extinction du Soleil et la disparition des planètes, dans environ 5 milliards d'années. D'ici là, une forme de vie intelligente aura peut-être maîtrisé le voyage spatial et se sera installée près d'une autre étoile. Sinon, la vie sur Terre sera condamnée.

Les fossiles témoignent des premières formes de vie sur Terre il y a 3,5 milliards d'années. C'était 500 millions d'années après que la planète se fut stabilisée et suffisamment refroidie pour que la vie y apparaisse. Mais cela aurait aussi bien pu prendre 7 milliards d'années. Si la probabilité d'apparition de la vie sur une planète est très faible, pourquoi cela s'est-il produit sur Terre, en un quatorzième du temps disponible ?

L'apparition assez rapide de la vie sur Terre suggère que le phénomène n'est pas si exceptionnel qu'il y paraît. Peut-être l'ADN a-t-il été précédé par une forme de vie plus élémentaire ? En tout cas, une fois apparu, il s'est montré si performant qu'il a dû remplacer toutes les formes de vie précédentes. On ne sait pas à quoi elles ressemblaient, mais il s'agissait peut-être d'ARN.

Comme l'ADN, l'ARN est relativement simple, mais il ne possède pas de structure en double hélice. De petites séquences d'ARN sont capables de se reproduire comme l'ADN, voire de produire des molécules d'ADN. On ne sait pas encore synthétiser des acides nucléiques en laboratoire, et encore moins l'ARN, mais en 500 millions d'années, sur une planète recouverte d'un océan, il y a une bonne probabilité que l'ARN apparaisse par hasard.

Quand l'ADN se reproduit lui-même, il y a parfois des erreurs. Beaucoup sont fatales et s'éliminent d'elles-mêmes. Certaines sont indifférentes, sans impact sur la fonction du gène. Et certaines autres, favorables à la survie de l'espèce, sont « choisies » et retenues par la sélection naturelle.

Le processus d'évolution biologique a d'abord été très lent. Il a fallu 2,5 milliards d'années pour passer des premières cellules aux premiers animaux multicellulaires, et un autre milliard d'années pour passer des poissons et des reptiles aux mammifères. Mais, à partir de là, l'évolution semble s'être accélérée. Il n'a fallu que 100 millions d'années pour passer des premiers mammifères à nous. La raison en est que les premiers mammifères possédaient les prototypes de la plupart de nos organes actuels ; il ne manquait plus qu'un petit réglage pour passer aux humains.

Avec l'espèce humaine, l'évolution a atteint un seuil critique, comparable en importance à l'apparition de l'ADN. Ce fut le développement du langage, et particulièrement du langage écrit. Dès lors, l'information pouvait passer de génération en génération, autrement que par l'ADN. Dans les derniers dix mille ans de notre histoire, il y a eu des modifications de notre ADN dues à l'évolution, mais la quantité d'information transmise d'une génération à l'autre a considérablement augmenté. J'ai écrit des livres pour transmettre ce que j'ai appris durant ma carrière de scientifique, et je le fais en transmettant ce savoir depuis mon cerveau jusqu'à la page que vous êtes en train de lire.

L'ADN de l'homme comprend environ 3 milliards de paires de base, mais la majeure partie de l'information qui y est codée semble redondante ou inutile. L'information utile, elle, doit être de l'ordre de 100 millions de bits (un bit d'information est la réponse par oui ou non à une question). Pour comparaison, un roman contient environ 2 millions de bits d'information. De ce point de vue, un homme est ainsi l'équivalent de 50 *Harry Potter*, et une grande bibliothèque contient quelque 5 millions de livres, soit 10 000 milliards de bits. La quantité d'information disponible dans les livres et sur Internet est 100 000 fois plus grande que celle qui est stockée dans l'ADN.

Plus important encore, l'information dans les livres peut être actualisée et modifiée bien plus rapidement que l'ADN : il nous a fallu plusieurs millions d'années pour évoluer à partir des grands singes. Pendant cette durée, quelques millions de bits de l'information contenue dans l'ADN ont dû être modifiés, de sorte que le rythme de l'évolution biologique chez nous est d'environ 1 bit par an. En revanche, 50 000 nouveaux livres sont publiés chaque année en anglais, soit de l'ordre de 100 milliards de bits d'information. Bien sûr, la majeure partie de cette information n'a pas d'intérêt, et n'est utile à aucune forme de vie. Mais, malgré cela, le taux de croissance de l'information utile est des millions, voire des milliards de fois plus grand que celui de l'ADN.

Cela signifie que nous sommes entrés dans une nouvelle phase de l'évolution. L'évolution a d'abord procédé par sélection naturelle – à partir de mutations au hasard. Cette phase darwinienne a duré 3,5 milliards d'années et nous a produits, nous, êtres ayant développé le langage pour échanger de l'information. Mais dans les dernières dizaines de milliers d'années a commencé une phase de « transmission externe », dans laquelle le stockage interne de l'information, celui de l'ADN, a été un peu modifié tandis que le stockage externe, dans les livres et autres supports, augmentait considérablement.

Certains veulent réserver le terme « évolution » à la transmission interne du patrimoine génétique, et le refuser à sa transmission externe. Cela me semble être une vue trop étroite. Nous sommes bien davantage que des gènes. Peu importe que nous soyons plus forts ou plus intelligents que nos ancêtres des cavernes, ce qui nous distingue d'eux est le savoir que nous avons accumulé pendant les dix derniers milliers d'années, et particulièrement pendant les trois derniers siècles. Je pense qu'il faut avoir une vision plus vaste et inclure la transmission externe d'information à celle par l'ADN, comme moteur de l'évolution.

L'échelle de temps de l'évolution, pour la transmission externe d'information, est celle qu'il faut pour engranger l'information. Cela a longtemps été des siècles, ou des millénaires ; maintenant, c'est de l'ordre de cinquante ans, ou moins. Mais les cerveaux qui nous permettent de traiter cette information ont quant à eux évolué à l'échelle de temps darwinienne, en centaines ou en millions d'années. Et cela commence à poser des problèmes. Au XVIIIe siècle, il était encore possible de prendre connaissance de toute la littérature publiée. Aujourd'hui, à raison d'un livre par jour, il faudrait quelques dizaines de milliers d'années pour lire tous les livres de la Bibliothèque nationale. Et avant que vous n'ayez terminé, d'autres livres auraient paru…

S'il existe ailleurs une vie intelligente,
ressemblera-t-elle à la nôtre ?
Y a-t-il vraiment une vie intelligente sur Terre ?... Plus
sérieusement, s'il existe une vie intelligente ailleurs,
elle doit être très éloignée de nous, sans quoi
elle nous aurait déjà rendu visite. Et nous nous en
serions aperçus, car cela aurait été aussi dramatique
que dans le film *Independence Day*.

Cela signifie que l'on ne peut à peu près maîtriser qu'un tout petit domaine du savoir humain. Les gens doivent ainsi se spécialiser dans des champs de plus en plus étroits. On ne pourra continuer éternellement à augmenter exponentiellement la quantité de connaissances. Une autre limite pour les générations futures est que nous avons gardé les instincts agressifs de notre ancêtre préhistorique. L'agressivité, dans la lutte physique avec d'autres hommes, ou la conquête des femmes et de la nourriture, a été jusqu'à présent un avantage en matière de survie, mais elle pourrait aujourd'hui détruire l'espèce humaine et la quasi-totalité de la vie sur Terre. La guerre nucléaire est toujours le danger le plus immédiat mais il y en a d'autres, comme la dissémination de virus génétiquement modifiés, ou l'emballement de l'effet de serre.

Nous n'avons pas le temps d'attendre l'évolution darwinienne pour nous rendre plus intelligents ou plus sages. Nous sommes entrés dans l'ère de l'« autoévolution », dans laquelle nous pouvons nous-mêmes modifier notre propre génome. Nous avons séquencé ce génome, avons dressé la carte de ce « livre de la vie », et nous pouvons désormais y apporter des corrections. Elles seront dans un premier temps réservées à la réparation des erreurs génétiques – comme la mucoviscidose ou la dystrophie musculaire, qui sont contrôlées par un seul gène, et assez faciles à identifier et à corriger. D'autres qualités, comme l'intelligence, probablement contrôlées par un grand nombre de gènes, seront plus difficiles à comprendre, mais je suis certain que dans le siècle à venir on parviendra à agir sur l'intelligence et à modérer les instincts agressifs.

Des lois interdiront l'ingénierie génétique sur les humains, mais certains ne résisteront pas à la tentation d'augmenter la taille de notre mémoire, notre résistance aux maladies ou notre durée de vie. L'apparition de ces « hommes augmentés » posera de redoutables problèmes politiques de cohabitation avec des « hommes non augmentés ». Il est probable que ces derniers disparaîtront inéluctablement et qu'apparaîtra une nouvelle espèce d'hommes capables de se modifier eux-mêmes à un rythme accéléré.

Si l'espèce humaine parvient à se réinventer, à réduire ou à éliminer ses risques d'autodestruction, elle va sans doute se répandre et coloniser d'autres planètes et d'autres étoiles. Cependant, la durée des voyages spatiaux est un gros obstacle pour des formes de vie chimiques comme la nôtre, basée sur l'ADN. Notre durée de vie est trop courte pour de tels voyages. Selon la théorie de la relativité, rien ne va plus vite que la lumière, de sorte qu'un petit aller et retour vers l'étoile la plus proche prendrait au minimum huit ans, et plus de cent mille ans vers le centre de la galaxie. Dans les histoires de science-fiction, cela se résout à coups de plis d'espace-temps ou de voyages dans d'autres dimensions, mais je crains que cela soit impossible quel que soit le degré d'intelligence que nous atteindrons. La relativité stipule aussi que si l'on va plus vite que la lumière, on remonte le temps, ce qui poserait, pour le coup, des problèmes de logique insolubles, à cause de la possibilité de modifier son propre passé, ou de rencontrer des touristes venus du futur pour observer les êtres rétrogrades que nous serions à leurs yeux.

Il est peut-être possible de s'en remettre à l'ingénierie génétique pour fabriquer une vie à base d'ADN capable de durer quelques milliers d'années, mais la méthode la plus simple, et accessible dès aujourd'hui, serait d'envoyer des machines dans l'espace. Elles n'auraient pas de problèmes de survie et, arrivées près d'une autre étoile, pourraient atterrir sur une planète et y prélever les matériaux nécessaires pour se reproduire et repartir vers d'autres étoiles. Ces machines seraient une autre forme de vie, à base de composants mécaniques et électroniques plutôt que de macromolécules. Elle pourrait finalement remplacer la vie à base d'ADN, de même que cette dernière a remplacé les formes de vie plus primitives.

•

Quelles sont nos chances de trouver d'autres formes de vie en explorant la Galaxie ? Si l'échelle temporelle d'apparition de la vie sur Terre n'est pas exceptionnelle, il devrait y avoir de nombreuses étoiles entourées de planètes où la vie est apparue. Certains de ces systèmes stellaires ont pu se former 5 milliards d'années avant la Terre ; pourquoi, alors, notre Galaxie ne fourmille-t-elle pas de formes de vie biologiques ou robotisées ? Pourquoi la Terre n'a-t-elle pas encore été visitée ou colonisée ? Soit dit en passant, je suis persuadé qu'aucun OVNI transportant des extraterrestres intelligents n'a atterri chez nous : l'événement aurait été très spectaculaire et sans doute très désagréable.

Alors, pourquoi personne n'est-il venu nous rendre visite ? Il se peut que la probabilité d'apparition de la vie soit si faible que la Terre soit la seule planète où cela s'est produit. Il se peut aussi que la vie soit apparue ailleurs et ait évolué jusqu'à former des cellules, mais pas une vie intelligente. Nous sommes habitués à voir la vie intelligente comme l'aboutissement inévitable de l'évolution, mais nous n'en avons aucune autre preuve que nous-mêmes. Le principe anthropique devrait nous inciter à nous méfier de tels raisonnements. Il est plus probable que l'évolution est un processus aléatoire, dont l'intelligence n'est qu'un des résultats possibles.

On n'est même pas certain que l'intelligence ait une valeur adaptative en matière de survie. Les bactéries et autres êtres unicellulaires, qui survivront quoi qu'il arrive aux autres formes de vie, sont mieux dotés que nous de ce point de vue. Peut-être l'avènement de l'intelligence était-il très peu probable dans l'évolution de la vie sur Terre. Il a fallu beaucoup de temps – 2,5 milliards d'années – pour passer de la cellule unique à l'organisme multicellulaire, qui est le précurseur obligé de l'intelligence. Le Soleil aurait fort bien pu s'éteindre avant que l'intelligence n'apparaisse, ce qui est un signe de sa faible probabilité. Dans ce cas, on peut s'attendre à trouver beaucoup d'autres formes de vie dans la Galaxie, mais pas de vie intelligente.

Une autre façon pour la vie de ne pas développer de l'intelligence est d'être éradiquée par la chute d'une comète ou d'un astéroïde. On a observé en direct, en 1994, le spectaculaire impact de la comète Shoemaker-Levy avec

Jupiter, et l'on soupçonne un corps bien plus petit, il y a 66 millions d'années, d'être responsable de l'extinction des dinosaures. Seuls quelques petits mammifères ont survécu, mais la plupart des gros animaux ont disparu. On ne connaît pas exactement le rythme de ces collisions, mais il semble qu'une moyenne de 20 millions d'années soit raisonnable. Cela voudrait dire que la vie intelligente sur Terre s'est développée parce que, par chance, il n'y a pas eu de collision d'astéroïde au cours des derniers 66 millions d'années. D'autres planètes dans la Galaxie, sur lesquelles la vie a pu se développer, n'ont peut-être pas eu cette chance.

Une troisième possibilité serait que l'apparition de la vie soit assez commune, de même que son évolution en êtres intelligents, mais que cette vie intelligente en vienne à se détruire elle-même. J'espère sincèrement que cela ne s'est jamais produit.

Je préfère une quatrième possibilité : il existe d'autres formes de vie intelligente dans l'Univers, mais elles ne nous ont pas repérés. En 2015, j'ai été impliqué dans le lancement de Breakthrough Listen Initiatives, programme d'exploration scientifique et technologique d'une durée de dix ans. Il comprend la recherche de vie extraterrestre en ondes radio et des heures d'observation avec les radiotélescopes les plus performants, avec un budget généreux. C'est à ce jour le plus grand programme de ce type. Breakthrough Messages est une compétition internationale pour trouver le meilleur message à envoyer à une civilisation extraterrestre. Mais si l'on capte un jour des réponses aux messages envoyés par ce programme, j'espère que notre civilisation aura eu le temps d'évoluer un peu. Rencontrer une civilisation plus avancée que la nôtre nous mettrait dans la position peu enviable des Indiens d'Amérique vis-à-vis de Christophe Colomb.

4

PEUT-ON PRÉVOIR L'AVENIR ?

D ans l'Antiquité, le monde devait paraître bien arbitraire. Inondations, épidémies, séismes ou éruptions volcaniques se produisaient sans raison ni signes avant-coureurs. Les gens attribuaient ces phénomènes naturels à un panthéon de dieux et de déesses au comportement capricieux. Il était impossible de prévoir ce qu'ils allaient faire, et le seul espoir était de leur faire des offrandes pour les apaiser. Nombre d'entre nous partagent encore ces croyances et tentent de pactiser avec le destin. Ils sont prêts à tout pour avoir une bonne note en classe, ou passer leur permis de conduire.

Peu à peu, cependant, on commença à discerner certaines régularités dans les phénomènes naturels. Les plus évidentes se voyaient dans le mouvement des corps célestes. L'astronomie fut ainsi la première science à se développer. Elle fut ensuite établie sur des bases mathématiques solides par Isaac Newton, il y a quelque trois siècles : on utilise toujours sa théorie de la gravitation pour prédire la position des corps célestes. On découvrit aussi que d'autres phénomènes naturels obéissaient à des lois scientifiques. Cela mena à la notion de déterminisme, qui fut énoncée par le savant français Pierre-Simon de Laplace au début du XIXe siècle. J'aimerais citer Laplace *in extenso* mais il écrivait, un peu comme Proust, des phrases longues et compliquées. Je ferai donc une paraphrase. En substance, Laplace dit que si, à un moment donné, on connaissait toutes les positions et toutes les vitesses de toutes les particules de l'Univers, on pourrait calculer leurs positions et leurs vitesses à tout moment dans le futur ou dans le passé*. On raconte que quand Napoléon lui demanda quelle était la place de Dieu dans son *Système du monde*, Laplace répondit : « Sire, je n'ai pas eu besoin de cette hypothèse. » Je ne pense pas que Laplace voulait dire que Dieu n'existe pas, seulement que Dieu n'a pas à intervenir dans les lois de la nature. Et c'est bien la position de tous les chercheurs. Une loi scientifique n'est une loi scientifique que si elle ne dépend pas de l'intervention d'un être surnaturel.

L'idée que l'état de l'Univers à un moment donné détermine son état à tout autre moment a été depuis Laplace un des piliers de la science. Elle implique que nous pouvons prévoir l'avenir, au moins en principe. Dans la réalité, notre capacité de prédiction est sévèrement limitée par la complexité des équations, et par

---

* La phrase originale de Laplace : « Une intelligence qui, pour un instant donné, connaîtrait toutes les forces dont la nature est animée, et la situation respective des êtres qui la composent, si d'ailleurs elle était assez vaste pour soumettre ces données à l'Analyse, embrasserait dans la même formule les mouvements des plus grands corps de l'Univers et ceux du plus léger atome : rien ne serait incertain pour elle et l'avenir, comme le passé, serait présent à ses yeux » (*NdT*).

l'existence du « chaos ». Comme le savent les personnes qui ont vu *Jurassic Park*, cela signifie qu'une petite perturbation en un lieu peut avoir des conséquences catastrophiques en un autre lieu. Un simple battement d'ailes de papillon au Brésil peut causer une tornade à New York. L'ennui, c'est que la chose n'est pas reproductible : au prochain battement d'ailes du même papillon, les conditions climatiques ne seront plus les mêmes et l'effet sera différent. C'est d'ailleurs à cause du chaos qu'il est si difficile de prévoir le temps qu'il va faire.

Malgré ces difficultés pratiques, le déterminisme est resté le dogme officiel tout au long du XIXe siècle. Mais au XXe, deux théories ont montré que l'idée de Laplace d'une prévision complète de l'avenir était irréaliste. La première théorie est la mécanique quantique. Elle a été proposée en 1900 par le physicien allemand Max Planck, en tant qu'hypothèse *ad hoc* pour résoudre un curieux paradoxe. Selon la physique classique développée depuis l'époque de Laplace, un corps chaud doit émettre un rayonnement. Un métal chauffé à blanc, par exemple, doit perdre de l'énergie en émettant des ondes dans les domaines radio, infrarouge, visible, ultraviolet, X et gamma, toute la gamme des rayonnements électro-magnétiques. Or non seulement cela impliquerait que nous mourrions tous de cancers de la peau, mais aussi que tout dans l'Univers serait à la même température, ce qui n'est clairement pas le cas.

Pour parer à cette « catastrophe ultraviolette », Planck abandonna l'idée que le rayonnement pouvait prendre n'importe quelle valeur et proposa qu'il soit émis par paquets, ou quanta, d'énergie. Un peu comme si, au lieu d'acheter du sucre en poudre en vrac au supermarché, on ne pouvait l'acheter que par paquets d'un kilo. Il se trouve que l'énergie de ces quanta est plus grande pour les ultraviolets et les rayons X que pour l'infrarouge et la lumière visible. Cela signifie qu'à moins qu'un objet soit très chaud, comme le Soleil, il n'aura pas assez d'énergie pour émettre dans l'ultraviolet ou dans le domaine des rayons X. C'est pourquoi une tasse de café ne provoque pas de coups de soleil.

Planck considérait cette idée des quanta comme un expédient mathématique sans réalité physique. Cependant, les physiciens commencèrent à trouver d'autres phénomènes qui ne s'expliquaient qu'en termes de quantités discrètes, ou quantifiées, plutôt que continûment variables. Par exemple, on découvrit que les particules élémentaires se comportent comme des petites toupies tournant autour d'un axe, mais que leur énergie de rotation ne peut avoir n'importe quelle valeur : elle doit être multiple d'une unité de base. Cette unité étant très petite, on ne s'aperçoit pas qu'une toupie ordinaire ralentit par paliers, de façon discrète, plutôt que de façon continue. Mais pour des toupies aussi petites que des atomes, ce phénomène devient très important.

Il a fallu du temps avant que l'on réalise l'impact de ce comportement quantique sur le déterminisme. Ce n'est qu'en 1926 qu'un autre physicien allemand, Werner Heisenberg, montra que l'on ne pouvait déterminer simultanément, avec précision, la position et la vitesse d'une particule. Pour voir où se trouve une particule, il faut l'éclairer. Mais comme Planck l'a montré, on ne peut utiliser une source de lumière arbitrairement faible. Il en faut au moins un quantum. Cela va perturber la particule, et modifier sa vitesse de façon imprévisible. Pour mesurer avec précision la position de la particule, il faudrait utiliser une lumière de courte longueur d'onde, comme des ultraviolets, des rayons X ou des rayons gamma, mais ces quanta auront des énergies plus grandes que celles de la lumière visible et perturberont plus encore les particules à mesurer. La situation est sans espoir : plus on veut de précision sur la position, plus on sera imprécis sur la vitesse, et inversement. Cela est résumé dans le fameux principe d'incertitude formulé par Heisenberg : le produit de l'incertitude sur la position par l'incertitude sur la vitesse est toujours supérieur à une quantité appelée « constante de Planck », divisée par deux fois la masse de la particule. En d'autres termes, l'incertitude sur une mesure ne peut jamais être nulle.

La vision déterministe de Laplace impliquait de connaître simultanément les positions et les vitesses des particules de l'Univers, à un instant donné. Elle fut donc directement impactée par le principe d'incertitude de Heisenberg. Comment prévoir le futur si l'on ne peut mesurer avec précision les positions et les vitesses actuelles ? Quelle que soit la puissance de nos ordinateurs, si on leur injecte des données imprécises, ils donneront des résultats imprécis.

Einstein n'aimait pas l'apparent hasard de la nature, comme l'exprime son « Dieu ne joue pas aux dés ».

Pour lui, l'incertitude était un artefact, et il devait y avoir une réalité sous-jacente, dans laquelle les particules avaient des positions et des vitesses bien définies et obéissaient à des lois déterministes. Cette réalité, on pourrait l'appeler Dieu, mais la nature quantique de la lumière nous empêcherait de la voir, sinon « à travers un miroir, obscurément* ».

La vision d'Einstein était ce qu'on appelle maintenant une « théorie à variables cachées ». Ces théories sont le moyen le plus évident de combiner le principe d'incertitude avec la physique. Elles sont à la base de l'image mentale de l'Univers que se font beaucoup de chercheurs, et presque tous les philosophes de la science. Mais ces théories à variables cachées sont fausses. Le physicien britannique John Bell a conçu un test expérimental qui tient en échec ces théories. Il semble donc bien que Dieu soit contraint par le principe d'incertitude et ne puisse connaître à la fois la position et la vitesse d'une particule. Dieu joue donc bien aux dés avec l'Univers. Tout indique même qu'il est un joueur invétéré, qui jette les dés à tout instant.

D'autres chercheurs étaient plus enclins qu'Einstein à modifier la vision classique du déterminisme. Une nouvelle théorie, la mécanique quantique, fut proposée par Heisenberg, l'Autrichien Erwin Schrödinger et le Britannique Paul Dirac. Dirac était un de mes prédécesseurs à la chaire lucasienne de Cambridge. Bien que la mécanique quantique ait soixante-dix ans d'âge, elle n'est

* I Corinthiens 13:12 (*NdT*).

généralement pas vraiment comprise, même par ceux qui l'utilisent pour faire des calculs. Pourtant, elle nous concerne tous car elle véhicule une image complètement différente de l'Univers et de la réalité. En mécanique quantique, les particules n'ont pas de positions et de vitesses simultanément définies, mais elles sont représentées par des fonctions d'onde. Un nombre en chaque point de l'espace. L'amplitude de la fonction d'onde donne la probabilité de présence de la particule en ce lieu, et le taux de variation de la fonction d'un point à l'autre donne la vitesse de la particule. On peut avoir une fonction d'onde très intense, un pic, dans une toute petite région ; cela implique que l'incertitude sur la position est très petite. Mais la fonction varie alors très rapidement à proximité du pic, de sorte que l'incertitude sur la vitesse sera très grande. De même, on peut avoir des fonctions d'onde telles que l'incertitude sur la vitesse soit petite et celle sur la position, grande.

La fonction d'onde contient tout ce que l'on peut savoir d'une particule. Et si on la connaît à un moment donné, sa valeur à d'autres moments est déterminée par ce que l'on appelle l'équation de Schrödinger. Le déterminisme n'est donc pas mort, mais il n'est plus celui que Laplace envisageait. Au lieu de pouvoir prédire simultanément la position et la vitesse d'une particule, on peut prédire sa fonction d'onde. On ne peut donc prédire « qu'à moitié » par rapport à la vision classique du XIXe siècle.

Bien que la mécanique quantique mène à l'incertitude quant à la position ou à la vitesse, elle nous permet quand

---●---

**Les lois qui gouvernent l'Univers permettent-elles
de prévoir l'avenir ?**
La réponse est : « Oui et non ». En principe,
elles nous le permettent, mais en pratique,
les calculs sont si compliqués qu'ils sont infaisables.

---●---

même de prédire de façon certaine une combinaison de la position et de la vitesse. Cependant, ce degré de certitude semble être menacé par des développements récents. Le problème vient de ce que la gravité peut courber l'espace-temps à un point tel que certaines régions nous seraient invisibles.

Ces régions sont l'intérieur des trous noirs : on ne peut, même en principe, observer les particules à l'intérieur d'un trou noir, ni leur position ni leur vitesse. On peut dès lors se demander si cela implique une imprévisibilité plus grande que celle prévue par la physique quantique. Nous y reviendrons au prochain chapitre.

Pour résumer, la vision classique proposée par Laplace était que le mouvement futur des particules est complètement déterminé si l'on connaît leurs positions et leurs vitesses à un moment donné. Cette vision a été modifiée par le principe d'incertitude de Heisenberg, qui précise que l'on ne peut mesurer à la fois la position et la vitesse avec précision, mais qu'il est encore possible de prédire une *combinaison* de la position et de la vitesse. Pourtant, même cette prédictibilité réduite semble s'évanouir au voisinage d'un trou noir.

5

QU'Y A-T-IL À L'INTÉRIEUR
D'UN TROU NOIR ?

L a réalité, dit-on, est parfois plus étrange que la fiction. Nulle part ce n'est aussi vrai que dans le cas des trous noirs. Ils sont plus étranges que tout ce qu'ont pu rêver les auteurs de science-fiction, mais ce sont aussi de vrais objets scientifiques.

La première discussion sur les trous noirs date de 1783. Son auteur, l'Anglais John Michell, expliquait que si l'on tire un boulet de canon vers le haut, il est ralenti par la gravité, arrête de s'élever, puis retombe. Mais si sa vitesse initiale dépasse une certaine valeur critique, appelée « vitesse de libération », la gravité terrestre n'est pas suffisante pour arrêter le boulet, qui ne retombe donc pas. La vitesse de libération est d'environ 11 kilomètres par seconde pour la Terre, et de 617 pour le Soleil*. Ces vitesses sont bien plus élevées que celle d'un boulet de canon, mais elles sont très petites devant la vitesse de la lumière, qui est de 300 000 kilomètres par seconde. La lumière peut donc facilement

---

* Soit respectivement 39 600 et 2 221 200 kilomètres par heure (*NdT*).

s'échapper de la Terre ou du Soleil. Ce à quoi Michell pensait, c'était une étoile bien plus massive que le Soleil, dont la vitesse de libération serait plus grande que la vitesse de la lumière. Et si nous ne pouvons voir ces étoiles, c'est que, n'émettant pas de lumière, elles nous seraient invisibles. Michell appelait de telles étoiles, nos actuels trous noirs, des « étoiles noires ».

Pour comprendre cela, il faut commencer par la gravité. Bien que ce soit la plus faible des forces de la nature, elle a deux avantages majeurs sur les autres forces. D'abord, elle a une portée infinie. La Terre est maintenue sur son orbite par le Soleil, qui se trouve à 150 millions de kilomètres, et le Soleil est en orbite autour du centre de la Galaxie, qui est à environ 10 000 années-lumière de distance. Son second avantage est d'être toujours attractive, alors que les forces électriques peuvent être attractives ou répulsives. Cela signifie que pour une étoile suffisamment massive, l'attraction gravitationnelle domine toutes les autres forces, et mène à l'effondrement gravitationnel. Malgré cela, la communauté scientifique a mis du temps à réaliser que les étoiles massives pouvaient s'effondrer sous l'effet de leur propre gravité, et à comprendre ce à quoi ressemblait l'objet restant. Einstein écrivit un article en 1939 affirmant que les étoiles ne pouvaient s'effondrer sous leur gravité car la matière ne pouvait être indéfiniment comprimée. De nombreux physiciens partageaient son avis, à l'exception de l'Américain John Wheeler, qui est à plus d'un titre le héros de l'histoire des trous noirs. Dans ses travaux des années 1950 et 1960, il montra que beaucoup d'étoiles finissent par s'effondrer et explora les problèmes que cela posait à la physique théorique. Il entrevit aussi nombre de propriétés des objets résultant de l'effondrement, c'est-à-dire des trous noirs.

Pendant la majeure partie de la vie d'une étoile normale, qui dure des milliards d'années, règne un équilibre entre la gravité et la pression thermique due aux réactions nucléaires qui s'y produisent et convertissent l'hydrogène en hélium. Arrive le moment où le combustible nucléaire s'épuise. L'étoile se contracte alors et peut, dans certains cas, devenir une naine blanche, le reste très dense d'un noyau d'étoile. Cependant, le mathématicien d'origine indienne Subrahmanyan Chandrasekhar, en 1930, a montré que la masse maximale d'une naine blanche est de 1,4 fois celle du Soleil. Et une masse analogue fut calculée par le physicien soviétique Lev Landau pour une étoile à neutrons.

Mais alors, quel est le sort des innombrables étoiles de masse supérieure à celle d'une naine blanche ou d'une étoile à neutrons, une fois qu'elles ont épuisé leur combustible ? Le problème fut étudié par Robert Oppenheimer, l'homme qui dirigea les équipes de la bombe atomique américaine. Dans des articles de 1939, avec George Volkoff et Hartland Snyder, il montra qu'une telle étoile privée de pression thermique se contracterait sur elle-même jusqu'à devenir un point de densité infinie, une « singularité ». Toutes nos théories de l'espace partent du principe que l'espace-temps est lisse et pratiquement plat.

Elles déclarent donc forfait à l'approche d'une singularité, où la courbure de l'espace-temps est infinie. C'est d'une certaine façon la fin de l'espace-temps lui-même, et c'est ce qu'Einstein ne pouvait accepter.

Puis la Seconde Guerre mondiale est arrivée. Les physiciens, et pas seulement Robert Oppenheimer, se tournèrent vers la physique nucléaire, oubliant la question de l'effondrement gravitationnel. L'intérêt revint avec la découverte d'objets très lointains appelés quasars. Le premier quasar (3C 273) fut découvert en 1963, et bien d'autres suivirent. Malgré la distance, ils étaient très brillants, mais les processus nucléaires ne suffisaient pas à rendre compte de leur énergie. L'unique mécanisme susceptible d'expliquer leur brillance était l'effondrement gravitationnel.

Ainsi redécouvert, le phénomène ne posait guère de problèmes pour une étoile lisse et bien sphérique : elle se contracte en un point de densité infinie, une singularité. Mais que se passe-t-il avec une étoile moins uniforme et pas tout à fait sphérique ? Finit-elle aussi en singularité ponctuelle ? Dans un remarquable article de 1965, Roger Penrose montra que c'était bien le cas, à cause de la nature attractive de la gravité.

Les équations d'Einstein ne marchent plus dans une singularité. En ce point de densité infinie, il est impossible de prédire le futur. Et cela implique que quelque chose d'étrange se produit quand une étoile s'effondre. Nous ne serions pas affectés par cette perte de prédiction si la singularité n'était pas « nue », c'est-à-dire isolée de l'extérieur. Penrose émit la conjecture de

« censure cosmique », qui assure que toutes les singularités dues à des effondrements d'étoiles ou d'autres corps sont cachées dans des trous noirs. Cette conjecture est presque certainement vraie, car beaucoup de tentatives de l'infirmer ont échoué.

Quand John Wheeler introduisit le terme « trou noir » en 1967, c'était pour remplacer celui d'« étoile gelée » (*frozen star*). Le nouveau terme mettait l'accent sur le fait que les restes d'une étoile effondrée sont intéressants par eux-mêmes, indépendamment de la façon dont ils ont été formés. Le terme fut aussitôt adopté.

Depuis l'extérieur, on ne peut savoir ce qu'il y a dans un trou noir. Quoi qu'il s'y trouve, et quelle que soit la manière dont ils se sont formés, les trous noirs sont identiques. C'est la raison du fameux « Les trous noirs n'ont pas de cheveux » de John Wheeler.

Un trou noir a une frontière appelée « horizon des événements ». C'est à partir de cet horizon que la lumière commence à ne plus pouvoir s'échapper. Et comme rien ne va plus vite que la lumière, tout ce qui se trouve à l'intérieur de l'horizon tombera aussi dans le trou noir. Imaginez que vous fassiez du canoë en haut des chutes du Niagara. Vous pourrez pagayer à contre-courant jusqu'à une limite à partir de laquelle vous tomberez inexorablement, sans espoir de retour. Il se peut même que l'accélération du courant devienne si forte que le canoë sera détruit. C'est en tout cas ce qui se passe avec un trou noir. Si vous tombez dedans la tête la première, la gravité s'exercera de façon plus intense sur votre tête que sur vos pieds : vous allez être à la fois étiré et très aminci. Si le trou noir est de quelques masses solaires, vous serez déchiqueté et transformé en spaghetti avant d'atteindre l'horizon des événements. Mais si vous tombez dans un trou noir beaucoup plus massif, de plus d'un million de masses solaires, vous atteindrez l'horizon sans aucune difficulté, la gravité s'exerçant uniformément sur tout votre corps. Si donc vous voulez explorer l'intérieur d'un trou noir, choisissez-en un gros. Pourquoi pas celui qui se trouve au centre de notre Galaxie ? Sa masse est d'environ 4 millions de masses solaires.

Vous ne devriez pas ressentir grand-chose en tombant dans un trou noir, mais un observateur extérieur ne vous verra jamais passer l'horizon des événements : il vous verra ralentir et vous immobiliser à proximité. Votre image deviendra de plus en plus floue, et de plus en plus rouge, jusqu'à ce que vous disparaissiez pour de bon. Pour le monde extérieur, vous serez perdu à jamais.

J'eus une illumination, peu après la naissance de ma fille Lucy, en allant me coucher – ce qui, à cause de mon handicap, est un long processus. Je découvris que si la relativité générale est correcte, et si l'énergie de densité de matière est positive comme c'est ordinairement le cas, alors l'aire de la surface délimitée par l'horizon des événements, la frontière d'un trou noir, doit augmenter chaque fois que de la matière ou du rayonnement tombe dans le trou noir. De plus, si deux trous noirs entrent en collision pour n'en former qu'un seul, l'aire du trou noir résultant est plus grande que la somme de celles des trous noirs initiaux. Ce théorème de l'aire des trous noirs pourrait être testé expérimentalement par LIGO*, le détecteur qui a capté le premier des ondes gravitationnelles le 14 septembre 2015. Ces ondes, en effet, étaient émises par la coalescence de deux trous noirs. À partir de la forme du signal détecté, on peut estimer les masses et moments angulaires des trous noirs initiaux et déterminer, grâce au théorème « pas de cheveux** », les aires délimitées par leurs horizons des événements.

Ces propriétés suggèrent une analogie entre l'aire de l'horizon des événements d'un trou noir et le concept d'entropie, issu de la thermodynamique, la science classique de la chaleur. L'entropie peut être vue comme le degré de désordre d'un système ou, ce qui revient au même, le degré de méconnaissance de son état exact. Et le célèbre deuxième principe de la thermodynamique énonce que l'entropie d'un système doit croître avec le temps. C'est cela qui me mit sur la voie.

L'analogie entre trous noirs et entropie peut être étendue. Le premier principe de la thermodynamique dit qu'une petite variation de l'entropie d'un système induit une variation proportionnelle de l'énergie du système. Brandon Carter, Jim Bardeen et moi avons trouvé une relation similaire entre la variation de masse d'un trou noir et la variation de l'aire déterminée par l'horizon des événements. Dans ce cas, le facteur de proportionnalité implique une grandeur appelée « gravité de surface », qui mesure l'intensité du champ gravitationnel à l'horizon

---

* Laser Interferometer Gravitational-Wave Observatory (Observatoire d'ondes gravitationnelles par interférométrie laser) (*NdT*).
** On parle aussi de « théorème de calvitie » (*NdT*).

des événements. Si l'on admet que l'aire de cet horizon est analogue à l'entropie, alors la gravité de surface est analogue à la température. Et cette ressemblance est renforcée par le fait que la gravité de surface est la même en tout point de l'horizon des événements, de même que la température est la même en tout point d'un corps en équilibre thermique.

Bien qu'il y ait un lien entre l'entropie et l'aire de l'horizon des événements, il n'était pas évident que cette aire puisse être identifiée à l'entropie du trou noir. Et qu'appellerait-on « entropie d'un trou noir » ? Le déclic a été apporté en 1972 par Jacob Bekenstein, alors étudiant à Princeton. Selon lui, quand un trou noir se crée par effondrement gravitationnel, il atteint rapidement un état stationnaire caractérisé par trois paramètres et trois seulement : la masse, le moment angulaire et la charge électrique.

Vu de l'extérieur, tout se passe comme si l'état final du trou noir était le même quelle que soit la matière ou l'antimatière qui le constitue, ou selon qu'il ait été sphérique ou de forme quelconque. En d'autres termes, un trou noir de masse, de moment angulaire et de charge électrique donnés peut résulter de l'effondrement d'un grand nombre de corps très différents. Et de fait, si l'on néglige les effets quantiques, le nombre de configurations possibles est infini puisque le trou noir a pu se former par effondrement d'un nuage d'un nombre infiniment grand de particules de masses infiniment faibles. Mais ce nombre peut-il vraiment être infini ?

Le principe d'incertitude implique que l'on ne peut à la fois mesurer avec précision la position et la vitesse d'un objet quantique. En pratique, cela implique que l'on ne peut rien localiser exactement. En effet, si l'on veut mesurer la taille d'un objet en mouvement, il faut en localiser précisément les extrémités, ce qui est interdit par le principe d'incertitude. Ce principe impose donc une limite à la taille des choses. Le calcul montre que pour une masse donnée, il existe une taille minimale. Et il se trouve que cette taille minimale est petite pour des objets lourds, et de plus en plus grande pour des objets de plus en plus légers. Quand on combine cette notion avec celles de la relativité générale, on comprend que seuls les objets dépassant une certaine masse critique peuvent former des trous noirs. Cette masse est à peu près celle d'un grain de sel. Une autre conséquence est que le nombre de configurations capables de donner un trou noir de masse, de moment angulaire et de charge électrique donnés, quoique très grand, n'est pas infini. Jacob Bekenstein a suggéré d'interpréter l'entropie d'un trou noir comme étant précisément ce nombre de configurations. Ce serait aussi une mesure de la quantité d'information irrémédiablement perdue pendant la phase d'effondrement qui a mené à la création du trou noir.

La faille dans le raisonnement de Bekenstein était que si un trou noir a une entropie finie, proportionnelle à l'aire de l'horizon des événements, il devrait aussi avoir une température finie, proportionnelle à sa gravité de surface. Cela impliquerait qu'un trou noir pourrait être en équilibre avec le rayonnement thermique, mais un tel équilibre est impossible selon la physique classique, car il signifierait que le trou noir absorbe tout le rayonnement, et soit incapable d'en émettre.

Cela engendra un paradoxe sur la nature des trous noirs, ces objets incroyablement denses créés par l'effondrement des étoiles. Une théorie prétend que des trous noirs identiques peuvent être formés à partir d'une infinité de types d'étoiles différents. Une autre avance que ce nombre doit être fini. Il s'agit d'une question d'information – l'idée que chaque particule et chaque force dans l'Univers contiennent de l'information.

Parce que les trous noirs n'ont pas de cheveux, comme le disait John Wheeler, on ne peut, de l'extérieur, dire ce qu'il y a dans un trou noir, mais on peut mesurer sa masse, son état de rotation et sa charge électrique. Cela signifie qu'un trou noir contient une information cachée au monde extérieur. Mais il y a une limite à la quantité d'information que l'on peut enfermer dans une région de l'espace. Car l'information requiert de l'énergie, et l'énergie est de la masse selon la célèbre équation d'Einstein $E = mc^2$. S'il y a trop d'information dans une région de l'espace, elle s'effondrera sur elle-même pour former un trou noir, dont la taille sera proportionnelle à la quantité d'information. Si l'on entasse trop de livres sur les rayons d'une bibliothèque, ils finiront par s'effondrer, et la bibliothèque deviendra un trou noir.

Si la quantité d'information cachée dans un trou noir dépend de sa taille, on s'attend à ce que le trou noir ait une température, et brille comme un métal chauffé. Mais c'est impossible puisque rien ne peut, croyait-on à cette époque, sortir d'un trou noir.

Le problème resta en l'état jusqu'en 1974, quand je me mis à penser au comportement de la matière au voisinage d'un trou noir, du point de vue de la mécanique quantique. À ma grande surprise, je trouvai que les trous noirs émettaient des particules en continu. Comme tout le monde à l'époque, je pensais que les trous noirs n'émettaient ni matière ni rayonnement. Je tentai donc de me débarrasser de ce résultat gênant, mais rien n'y fit : contraint et forcé, je dus l'accepter. Ce qui finit par me convaincre qu'il s'agissait d'un phénomène bien réel est que les particules émises avaient un spectre thermique. Or mes calculs prédisaient qu'un trou noir crée et émet des particules et du rayonnement comme le fait n'importe quel corps chaud, avec une température proportionnelle à sa gravité de surface et inversement proportionnelle à sa masse. En outre, cela confirmait pleinement la suggestion de Bekenstein selon laquelle un trou noir a une entropie finie : un trou noir doit être en équilibre thermique à une température finie non nulle.

Depuis lors, des preuves mathématiques du rayonnement thermique des trous noirs ont été trouvées par plusieurs chercheurs, avec des approches différentes. Voici une façon de le comprendre. La mécanique quantique implique que tout l'espace est rempli de paires particule-antiparticule dites virtuelles, car, contrairement aux particules réelles, ne pouvant être observées au moyen d'un détecteur de particules. Mais leurs effets indirects peuvent être mesurés, et leur existence a été confirmée par un effet très subtil, le « décalage de Lamb », observable dans le spectre d'énergie de l'hydrogène. En présence d'un trou noir, l'un des

Est-il dangereux de tomber dans un trou noir ?
C'est même fatal. Si le trou noir n'est pas trop gros,
vous serez « spaghettifié » avant d'atteindre l'horizon.
S'il est supermassif, vous traverserez l'horizon
sans problème, mais serez bien vite écrasé par
la gravité de la singularité.

membres de cette paire virtuelle tombe à l'intérieur, laissant son partenaire sans possibilité de s'annihiler. Cette particule, ou antiparticule, peut à son tour disparaître dans le trou noir ou s'échapper, auquel cas un observateur voit un rayonnement émis par le trou noir.

Une autre façon de voir ce processus est de considérer l'antiparticule, par exemple, qui tombe dans le trou noir, comme une particule réelle remontant le temps. Ainsi, cette antiparticule peut être vue comme une particule remontant le temps, c'est-à-dire sortant du trou noir. Quand elle atteint le point où la paire initiale s'est matérialisée, elle est diffusée par le champ gravitationnel, de sorte qu'elle voyage dans le sens du temps. Un trou noir d'une masse solaire émettrait des particules à un rythme si lent qu'elles seraient indétectables. Mais il pourrait exister des mini-trous noirs de la masse d'une montagne. Ils ont pu se former dans un univers primitif irrégulier et chaotique. Un tel trou noir émettrait des rayons X et gamma avec une puissance d'environ 10 millions de mégawatts, suffisamment pour assurer l'approvisionnement mondial en électricité. Mais il ne serait pas facile de maîtriser un mini-trou noir. Sa masse fait qu'on ne pourrait le poser sur le sol, car il plongerait immédiatement vers les profondeurs de la Terre pour en rejoindre le centre. La seule solution serait de le garder en orbite autour de la Terre.

On a beaucoup recherché des mini-trous noirs, mais sans aucun succès pour l'instant. C'est bien dommage car, si on en avait trouvé un, j'aurais eu le Nobel. Une autre possibilité, cependant, serait de créer des mini-trous noirs dans des dimensions cachées de l'espace-temps. Selon certaines théories, notre Univers n'est qu'une surface à quatre dimensions dans un espace à dix ou onze dimensions. Le film *Interstellar* donne une idée de ce à quoi cela pourrait ressembler. On ne voit pas ces dimensions supplémentaires car la lumière ne peut s'y propager. La gravité, en revanche, y serait bien plus intense que dans notre Univers, ce qui y faciliterait la création d'un trou noir. On pourrait observer un tel phénomène au LHC du CERN de Genève. Il s'agit d'un tunnel circulaire souterrain de 27 kilomètres de longueur. Deux faisceaux de particules y sont accélérés dans des sens opposés, et amenés à entrer en collision. Certaines collisions pourraient engendrer des mini-trous noirs, dont le spectre d'émission serait aisément reconnaissable. Peut-être aurai-je un jour le prix Nobel, après tout[*].

À mesure que des particules s'en échappent, un trou noir perd de la masse, et se contracte, ce qui augmente l'émission de particules. Mais il finira tout de même par disparaître. Qu'adviendra-t-il alors des particules et des malheureux astronautes qui y sont tombés ? Ils ne réémergeront pas spontanément, et les particules émises, on l'a vu, n'ont aucun lien avec ce qui a été avalé par le trou noir. Il semble que l'information sur ce qui a été englouti soit définitivement perdue, à part la masse totale, le moment angulaire de rotation et la charge électrique. Mais si l'information est perdue, cela soulève un problème quant à notre compréhension de la science. En effet, pendant plus de deux siècles, on a cru au déterminisme

---

[*] Hélas, le prix Nobel ne peut être attribué à titre posthume (*NdE*).

scientifique, c'est-à-dire à ce que les lois de la nature déterminent l'évolution de l'Univers.

Si l'information est vraiment perdue dans les trous noirs, cela signifie que l'on ne peut pas prédire le futur, car le trou noir émet n'importe quel ensemble de particules – pourquoi pas un poste de télévision ou une collection complète reliée en cuir rouge des œuvres de Shakespeare, bien que la probabilité en soit très faible. Bien plus probable serait l'émission de rayonnement thermique, mais après tout, est-il si important de prédire ce qui peut sortir d'un trou noir ? Il n'y en a aucun à proximité immédiate, mais c'est une question de principe. Si le déterminisme, la prédictibilité de l'Univers, déclare forfait dans les trous noirs, il peut aussi échouer dans d'autres situations. Il pourrait exister des trous noirs virtuels apparaissant comme des fluctuations du vide, qui absorberaient un groupe de particules, en émettraient un autre, et disparaîtraient à nouveau dans le vide. Pire, si le déterminisme est caduc, nous n'avons plus aucune certitude sur notre histoire passée. Les livres d'histoire et notre propre mémoire sont peut-être des illusions. Or c'est le passé qui nous dit qui nous sommes. Sans lui, nous perdons notre identité.

Il est donc fondamental de savoir si l'information se perd dans les trous noirs, ou si l'on pourrait éventuellement la récupérer. De nombreux chercheurs ont eu l'intuition qu'elle n'était pas perdue, mais aucun n'a suggéré le moindre mécanisme permettant de la retrouver. Quand de la matière tombe dans un trou noir et que du rayonnement est émis, l'identité des particules semble perdue, mais cela est en contradiction avec la mécanique quantique. Cette perte d'information soulève le « paradoxe de l'information » qui empêche les scientifiques de dormir depuis quarante ans, et reste une des grandes questions irrésolues de la physique théorique.

Ces dernières années, l'intérêt pour cette question s'est ravivé à l'occasion de nouvelles découvertes sur l'unification de la gravité et de la mécanique quantique. Au cœur de ces avancées se trouve la compréhension des symétries sous-jacentes de l'espace-temps.

Dans un espace-temps plat (c'est-à-dire sans gravité), un désert absolu, on peut identifier deux types de symétries. Le premier est la symétrie de translation : que l'on soit en un point de l'espace ou en un autre ne change rien aux lois de la physique. Le second est la symétrie de rotation. Tourner sur soi-même ne changera rien non plus pour notre observateur.

Cela est valable en l'absence de matière, mais si l'on met quelque chose dans cet espace plat, ces symétries seront brisées. Supposons qu'il y ait une montagne, une oasis ou un cactus dans notre désert plat. Tout sera alors différent pour l'observateur selon la direction dans laquelle il regarde. Il en va de même de l'espace-temps. Si l'on y met des objets, les symétries de translation et de rotation sont brisées. La gravité brise ces symétries.

Près d'un trou noir, la masse est si grande et l'espace-temps si courbé qu'il est très difficile d'identifier la moindre symétrie. Cependant, quand on s'éloigne du trou noir, la courbure diminue jusqu'à s'annuler à une distance infinie, où l'on retrouve l'espace-temps plat.

Une remarquable découverte faite par Hermann Bondi, M. G. J. Van der Burg, A. W. Kenneth Metzner et Rainer Sachs dans les années 1960 a révélé qu'il y a en fait un ensemble infini de symétries supplémentaires. Ces symétries additionnelles sont appelées « supertranslations ». À chacune de ces symétries correspond la conservation d'une quantité particulière, dite « charge de surpertranslation ». Il s'agit de généralisations de symétries plus familières. Celle, par exemple, qui associe la conservation de l'énergie à la translation dans le temps, ou la conservation du moment linéaire* à la translation dans l'espace.

Le nombre infini de supertranslations indique qu'il doit y avoir bien d'autres lois de conservation à grande distance d'un trou noir. Ce sont ces lois de conservation qui ont donné accès de façon inattendue à la question de l'information dans les trous noirs.

En 2016, avec mes collaborateurs Malcolm Perry et Andy Strominger, j'ai travaillé sur ces nouveaux résultats et les quantités conservées associées, pour tenter de résoudre le paradoxe de l'information. On sait que les trois seules propriétés d'un trou noir sont la masse, la charge et le moment angulaire. La charge de supertranslation pourrait-elle en être une autre ? Dès lors, les trous noirs ne seraient plus si chauves, ni seulement dotés de trois cheveux, mais d'une vraie tignasse de cheveux de supertranslation.

Ces nouveaux cheveux pourraient encoder une partie de l'information sur ce qui se trouve dans le trou noir. Il est probable que ces charges de supertranslation ne

---

* Ou « quantité de mouvement » (*NdT*).

contiennent pas la totalité de l'information, mais le reste est peut-être codé dans une autre collection de symétries, les super-rotations, qui ne sont pas encore bien comprises. Si c'est bien le cas, et si toute l'information sur un trou noir est contenue dans ses « cheveux », alors il n'y a peut-être aucune perte d'information. Nous venons de confirmer ces idées avec Strominger, Perry et Sasha Haco, en montrant que les charges de super-rotation constituent la totalité de l'entropie d'un trou noir. En somme, la mécanique quantique tient bon, et l'information est stockée sur l'horizon, à la surface du trou noir.

Ce dernier est toujours caractérisé par sa masse totale, sa charge électrique et son moment angulaire, à l'extérieur de l'horizon des événements, mais l'horizon lui-même contient l'information nécessaire pour comprendre plus précisément ce qui est tombé dans le trou noir. Nous travaillons toujours sur cette question. Le paradoxe de l'information est encore sans solution, mais j'ai bon espoir que nous progresserons rapidement.

6

PEUT-ON VOYAGER
DANS LE TEMPS ?

Dans les récits de science-fiction, les plis d'espace-temps sont bien commodes. Ils permettent des voyages éclairs dans la Galaxie, ou même le fameux voyage dans le temps. Mais comme la science-fiction est souvent la science de demain, qu'en est-il vraiment du voyage dans le temps ?

L'idée que l'espace et le temps peuvent être courbés ou pliés est assez récente. Pendant plus de deux mille ans, les axiomes de la géométrie euclidienne étaient considérés comme allant de soi. Par exemple, vous avez peut-être retenu grâce à vos cours de géométrie à l'école que la somme des angles d'un triangle vaut 180 degrés.

Au siècle dernier, on a commencé à admettre que d'autres géométries sont possibles, dans lesquelles la somme des angles d'un triangle ne vaut pas 180 degrés. Voyez par exemple la surface de la Terre. Une ligne droite, le chemin le plus court d'un point à un autre, y devient un arc de grand cercle. C'est la trajectoire suivie par un avion pour aller au plus vite d'un point à un autre. Considérez maintenant un triangle à la surface de la Terre. Un côté est l'équateur, l'autre le méridien de Greenwich et le troisième le méridien 90° Est, qui traverse le Bangladesh. Les deux méridiens croisent l'équateur à angle droit, mais ils se croisent aussi au pôle Nord à angle droit. Ce triangle a donc trois angles droits, dont la somme donne 270 degrés, soit beaucoup plus que les 180 d'un triangle dessiné sur une surface plane. Et si l'on dessinait un triangle sur l'assise d'une selle d'équitation, on trouverait que la somme de ses angles est inférieure à 180 degrés.

La surface de la Terre est un espace à deux dimensions. Cela signifie qu'on peut s'y déplacer dans deux directions perpendiculaires, sud-nord et est-ouest. Mais il y a aussi une troisième dimension, haut-bas, en chacun des points de la surface. La Terre est donc plongée dans un espace à trois dimensions, espace plat qui obéit à la géométrie euclidienne, et où la somme des angles d'un triangle vaut 180 degrés. Il n'empêche que l'on peut imaginer une course de créatures à deux dimensions qui se déplaceraient à la surface, mais n'auraient aucun accès à la troisième dimension. Elles ignoreraient tout de l'espace plat à trois dimensions dans lequel est plongée la surface terrestre. Pour elles, l'espace serait courbe, et la géométrie serait non euclidienne.

Il serait difficile de concevoir un être vivant à deux dimensions. La nourriture une fois digérée devrait sortir par là où elle serait entrée, car on ne pourrait imaginer un tube digestif, qui séparerait la créature en deux. Il faut donc trois dimensions pour avoir de la vie. De même que l'on peut imaginer des êtres à deux dimensions à la surface de la Terre, on peut imaginer que l'espace à trois dimensions dans lequel nous vivons est la surface d'une sphère plongée dans une dimension supplémentaire que nous ne percevons pas. Si cette sphère est assez grande, sa surface nous paraît plane, et la géométrie euclidienne y est une bonne approximation, au moins sur de courtes distances. Sur de grandes distances, cette géométrie devrait cependant montrer ses limites. Pour illustrer cela, imaginons une équipe de peintres chargés de couvrir de peinture la surface d'une grande balle.

À mesure que l'épaisseur de la couche de peinture croît, la surface va croître. Dans un espace plat à trois dimensions, rien n'empêche de peindre la balle indéfiniment, et d'avoir une balle de plus en plus grosse. Cependant, si l'espace à trois dimensions est la surface d'une sphère de dimension supérieure, son volume sera grand, mais fini. La balle finira par remplir la moitié de l'espace. Les peintres vont réaliser qu'ils se trouvent dans une région de l'espace qui ne cesse de rétrécir : ils comprendront alors qu'ils vivent dans un espace courbe, et non dans un espace plat.

Cet exemple montre que l'on ne peut déduire la géométrie du monde des principes établis par les Grecs à l'époque d'Euclide. On doit mesurer l'espace dans lequel nous vivons, et découvrir sa géométrie par l'expérience. Pourtant, bien que les espaces courbes aient été décrits par l'Allemand Bernhard Riemann en 1854, ils sont restés une curiosité mathématique pendant soixante ans. On y voyait la description d'espaces courbes abstraits, sans aucun lien avec notre espace à nous. Tout cela changea radicalement en 1915, quand Einstein proposa sa théorie de la relativité générale.

La relativité générale fut une extraordinaire révolution intellectuelle qui changea notre vision de l'Univers. Ce n'est pas seulement une théorie de l'espace courbe, mais aussi du temps courbe. Einstein comprit en 1905 que l'espace et le temps sont intimement connectés, ce qu'exprime sa théorie de la relativité « restreinte ». On peut situer un événement au moyen de quatre nombres, dont trois décrivent la position : tant de kilomètres au nord et à l'est de tel endroit, et l'altitude au-dessus du niveau de la mer. À plus grande échelle, ce pourrait être la longitude et la latitude galactiques, et la distance au centre de la Galaxie.

Le quatrième nombre est le temps, le moment auquel se produit l'événement. Ainsi, on a affaire à une entité à quatre dimensions appelée espace-temps. Chaque point de l'espace-temps est repéré par quatre nombres qui spécifient sa position dans l'espace et dans le temps. Tout cela serait au fond très simple si la définition de la position et du temps allait de soi. Mais en 1905, alors qu'il était employé au Bureau des brevets de Berne, Einstein publia un article remarquable montrant que le temps et la position d'un événement dépendent du mouvement de l'observateur. Cela impliquait un lien inextricable entre l'espace et le temps.

Les temps assignés par différents observateurs ne sont les mêmes que si ces observateurs ne sont pas en mouvement les uns par rapport aux autres. Mais ils différeront d'autant plus que les observateurs sont en mouvement relatif plus rapide. On peut ainsi se demander quelle vitesse il faut atteindre pour que le temps mesuré par un observateur aille en sens inverse du temps mesuré par un autre. La réponse est donnée par ce petit limerick :

Il était une jeune lady de Wight
Qui allait plus vite que la lumière
Elle partit un jour
Et en vertu de la relativité
Arriva la veille*.

Ainsi, ce qu'il faut pour voyager dans le temps, c'est un vaisseau spatial qui aille plus vite que la lumière. Malheureusement, dans le même article, Einstein montre que la puissance nécessaire pour accélérer un vaisseau croît à mesure qu'on approche de la vitesse de la lumière. Il faudrait une puissance infinie pour dépasser la vitesse de la lumière.

L'article de 1905 semblait donc interdire le voyage dans le passé, et rendait redoutablement difficile et lent le voyage vers d'autres étoiles. Si l'on pouvait atteindre la vitesse de la lumière, il faudrait huit ans pour aller visiter l'étoile la plus proche et en revenir, et au moins cinquante-six mille ans pour rejoindre le centre de la Galaxie. Pourtant, les gens qui auraient pris place à

---

* « *There was a young lady of Wight / Who traveled much faster than light / She departed one day / In a relative way / And arrived on the previous night.* » Les limericks, tous construits sur le même modèle, sont des petits poèmes souvent licencieux (*NdT*).

bord du vaisseau ne vieilliraient que de quelques années. Maigre consolation quand ils constateraient, à l'atterrissage, que tous leurs proches sont morts et oubliés depuis des milliers d'années. Comme ce n'est pas le scénario idéal pour un western spatial, les écrivains de science-fiction ont dû contourner la difficulté.

Dans son article de 1915, Einstein montrait, par sa théorie de la relativité générale, que les effets de la gravité peuvent être décrits en supposant l'espace-temps courbé, déformé par la matière et l'énergie qui s'y trouvent. Et, comme on l'a vu, on a effectivement observé la courbure de l'espace-temps, et la déviation de la lumière qui en résulte, à proximité du Soleil.

On observe ainsi un déplacement des positions apparentes des étoiles ou des sources radio lorsque le Soleil s'intercale entre elles et nous. Ce déplacement d'un millième de degré est extrêmement faible ; il équivaut à un écart de quelques centimètres vu d'une distance de 1 kilomètre. Il peut néanmoins être mesuré avec précision, et il s'accorde très bien avec les prédictions de la relativité générale. Nous vivons bien dans un espace-temps courbe.

Dans notre voisinage, la courbure est faible car les champs gravitationnels dans le Système solaire sont faibles. Mais des champs beaucoup plus intenses existent ou ont existé, par exemple lors du Big Bang ou dans les trous noirs. Sont-ils capables de courber suffisamment l'espace-temps pour satisfaire les exigences de la science-fiction en hyperespaces et autres trous de ver permettant de voyager dans le temps ? Tout cela est *a priori* possible. En 1948, le logicien Kurt Gödel a trouvé une solution aux équations de champ de la relativité générale, dans laquelle toute la matière est en rotation. Dans un tel univers, il est possible de décoller dans un vaisseau spatial, et de revenir avant même que d'être parti. Gödel était un collègue d'Einstein à l'Institute for Advanced Study de Princeton. Il est plus célèbre pour avoir prouvé que l'on ne peut tout prouver dans un domaine apparemment aussi simple que l'arithmétique. Ce qu'il a trouvé dans le domaine de la relativité générale posa de gros problèmes à Einstein, qui pensait que c'était impossible.

On sait maintenant que la solution de Gödel ne pourrait représenter notre Univers car elle ne comporte pas d'expansion. Elle a aussi une très forte valeur de constante cosmologique, quantité que l'on considère généralement comme nulle. Cela dit, d'autres solutions apparemment plus raisonnables, car permettant le passage du temps, ont été trouvées depuis lors. L'une d'elles fait intervenir deux « cordes cosmiques » passant l'une devant l'autre à des vitesses proches de celle de la lumière. Les cordes cosmiques sont une idée remarquable de la physique théorique dont les auteurs de science-fiction n'ont pas encore tiré profit. Comme leur nom l'indique, elles ressemblent à des cordes en ce que leur longueur est infiniment plus grande que leur section. En fait, elles ressemblent davantage à des élastiques car elles sont sous des tensions extrêmes, de l'ordre de la centaine de milliards de milliards de milliards de tonnes. Une corde cosmique attachée au Soleil lui communiquerait une accélération de 0 à 100 kilomètres par heure en un trentième de seconde.

Les cordes cosmiques peuvent sembler délirantes, mais nous avons de bonnes raisons scientifiques de penser qu'elles ont pu se former peu après le Big Bang. Avec les tensions gigantesques qui les caractérisent, on s'attendrait à ce qu'elles accélèrent pratiquement à la vitesse de la lumière.

L'univers de Gödel et l'espace-temps des cordes cosmiques ont en commun qu'ils étaient si courbes et déformés à l'origine que le voyage dans le passé y a toujours été possible. Dieu a peut-être créé un tel univers plissé, mais on n'a aucune raison de penser qu'il l'a fait. Tout indique que l'Univers lors du Big Bang n'était pas suffisamment courbe pour permettre le voyage dans le passé. Puisque nous ne pouvons rien modifier au commencement de l'Univers, la question de savoir si le voyage dans le temps est possible revient à savoir si l'on peut aujourd'hui courber suffisamment l'espace-temps pour qu'il nous donne accès au passé. Il y a là un important thème de recherche, mais il est facile d'y passer pour un excentrique. Inutile de demander une bourse de recherche pour travailler sur le voyage dans le temps ; elle serait immédiatement refusée. Il vaudrait mieux employer dans votre demande des termes techniques comme « courbes fermées du genre temps ». Pourtant, il s'agit là d'une question sérieuse. Puisque la relativité générale permet le voyage dans le temps, celui-ci est-il possible dans notre Univers ? Et sinon, pourquoi ?

La possibilité de passer rapidement d'un lieu de l'espace à un autre est étroitement liée au voyage dans le temps. On a vu plus haut que pour faire dépasser la vitesse de la lumière à un vaisseau spatial, il faut une puissance infinie. La seule façon de passer d'un côté de la Galaxie à l'autre en un temps raisonnable serait de plier l'espace-temps de façon à former un petit tube (ou « trou de ver »). Ce raccourci permettrait de connecter les deux bouts de la Galaxie et de faire l'aller-retour avant que tous vos amis ne soient morts. Ces trous de ver ont été envisagés très sérieusement et seront peut-être à la portée d'une civilisation future. Le problème est que si l'on peut faire un tel voyage en une semaine ou deux, on pourrait aussi revenir en empruntant un autre trou de ver qui vous ferait arriver avant que vous ne soyez parti. On pourrait même voyager dans le passé au moyen d'un seul trou de ver, à condition que ses extrémités soient en mouvement relatif.

Pour créer un trou de ver, il faut plier l'espace-temps en sens opposé à celui dans lequel la matière plie l'espace. La matière ordinaire courbe l'espace-temps sur lui-même comme par exemple la surface de la Terre. Mais un trou de ver est de l'espace-temps plié différemment, comme l'est l'assise d'une selle d'équitation. Et il en va de même de toute courbure d'espace-temps permettant un voyage dans le temps dans un univers comme le nôtre. Il faudrait donc, pour réaliser un tel pliage, une matière de masse négative et de densité d'énergie négative.

L'énergie, c'est un peu comme l'argent. Si vous n'êtes pas dans le rouge à la banque, vous pouvez dépenser votre argent comme vous le voulez. Mais selon les lois classiques de la physique que l'on pensait valables jusqu'à il y a peu, vous ne pouvez pas être à découvert. Ainsi, ces lois interdisent de courber l'Univers pour voyager dans le temps. Cependant, les lois classiques ont été bouleversées par la théorie quantique, l'autre grande révolution, avec la relativité générale, qui a changé notre vision de l'Univers. Et cette théorie quantique est bien plus permissive puisqu'elle vous autorise un découvert sur un ou deux comptes. Si seulement les vraies banques pouvaient en prendre de la graine ! La théorie quantique permet à la densité d'énergie d'être négative à certains endroits, à condition qu'elle soit positive à d'autres.

La raison de cette largesse tient au principe d'incertitude, qui stipule que l'on ne peut mesurer simultanément, avec autant de précision qu'on le souhaite, la position et la vitesse d'une particule. Plus la position est précise, moins la vitesse le sera, et *vice versa*. Le principe d'incertitude s'applique aussi aux champs, électromagnétique ou gravitationnel. Il implique que ces champs ne sont jamais nuls, même dans le vide. Si c'était le cas, en effet, ils auraient des valeurs de position et de vitesse simultanément et précisément nulles, en violation avec le principe d'incertitude. Les champs doivent donc fluctuer sans cesse, et l'on peut interpréter ces « fluctuations du vide » comme des créations de paires particules-antiparticules apparaissant au hasard, se séparant puis se réunissant pour s'annihiler.

Ces paires sont dites « virtuelles » car on ne peut les mesurer directement avec un détecteur de particules.

Cependant, on peut observer leurs effets indirecte-
ment, dans l'« effet Casimir » par exemple. Imaginez
deux plaques métalliques parallèles, très proches l'une
de l'autre dans le vide. Ces plaques agissent comme des
miroirs pour les particules et les antiparticules virtuelles.
La région entre les plaques est un peu comme un tuyau
d'orgue, qui n'admet que des ondes d'une fréquence de
résonance donnée*. Le résultat est qu'il y a légèrement
moins de fluctuations du vide et de particules virtuelles
entre les plaques qu'à l'extérieur, où toutes les longueurs
d'onde sont permises. Cela crée une dépression entre
les plaques, et donc une force qui tend à les rapprocher. Cette force a été mesurée expérimentalement :
les particules virtuelles existent bel et bien.

Parce qu'il y a moins de particules virtuelles ou de
fluctuations du vide entre les plaques, la densité d'énergie y est plus faible qu'à l'extérieur des plaques. Mais
la densité d'énergie à grande distance des plaques doit
être nulle, sinon elle courberait l'espace, qui dès lors ne
serait plus plat. La densité d'énergie entre les plaques
doit donc être négative.

Nous avons ainsi des preuves expérimentales de la
courbure de l'espace-temps et du fait que l'on peut courber l'espace négativement, avec par exemple la densité
d'énergie négative de l'effet Casimir. Il semble donc possible pour notre science et notre technologie de fabriquer
un trou de ver ou de courber l'espace-temps afin de
voyager dans le passé. Cela poserait cependant un certain

---

* Il s'agit d'ondes sonores dans le cas d'un tuyau d'orgue (*NdT*).

nombre de problèmes gênants. Par exemple, si nous parvenons dans le futur à voyager dans le passé, comment se fait-il que personne ne soit encore arrivé du futur pour nous dire ce qui s'y passe ?

Même si cette personne avait de bonnes raisons de nous laisser dans l'ignorance, la nature humaine étant ce qu'elle est, il est difficile de croire qu'elle ne se montrerait pas pour nous révéler, à nous pauvres ignorants, les secrets du voyage dans le temps. Bien sûr, les amateurs de soucoupes volantes vous diront que cela s'est déjà produit, et qu'il y a une conspiration mondiale pour dissimuler les connaissances scientifiques venues du futur. Mais si vraiment un tel complot existe, ses acteurs ont tiré bien peu d'informations utiles des extraterrestres. Je suis très sceptique sur ces théories du complot. Les rapports sur les OVNI ne sont pas crédibles, car mutuellement contradictoires. Et si l'on admet que certains d'entre eux sont dus à des hallucinations ou à des erreurs d'appréciation, il est plus probable qu'elles le sont toutes, plutôt que dues à des visites d'extraterrestres venus de l'autre bout de la Galaxie. S'ils voulaient vraiment coloniser la Terre ou nous avertir d'un danger, ils feraient preuve d'une totale inefficacité.

Une façon de réconcilier le voyage dans le temps avec le fait que nous n'avons pas vu de visiteurs venant du futur est de dire que cela ne s'est pas encore produit, mais se produira un jour. Certes, notre espace-temps n'est pas suffisamment courbe pour nous permettre de voyager dans le temps, mais il en sera peut-être différemment à l'avenir. Dès lors, cet avenir étant lointain, il se peut que le voyage dans le passé ne permette pas d'arriver jusqu'à notre époque.

Cela expliquerait que nous ne soyons pas noyés sous un afflux de touristes venus du futur. Mais cela n'élimine pas tous les paradoxes. Supposons que vous puissiez partir dans un vaisseau spatial et revenir avant que vous ne soyez parti. Qu'est-ce qui vous empêcherait alors de détruire la fusée sur son pas de tir avant même que vous ne partiez ? Il y a d'autres versions de ce paradoxe, comme celles où vous tuez vos parents avant qu'ils ne vous donnent naissance, mais elles sont toutes équivalentes. Et il semble y avoir deux réponses possibles.

L'une est ce que j'appelle l'approche des histoires consistantes. Elle avance qu'il faut trouver une solution consistante aux équations de la physique, même si l'espace-temps est assez courbe pour permettre un voyage dans le passé. Ainsi, il serait impossible de s'embarquer dans la fusée pour aller vers le passé à moins que vous ne soyez déjà revenu et n'ayez pas détruit la fusée. Le scénario est consistant, mais il implique que nous soyons complètement déterminés : il nous serait impossible de changer d'avis. Adieu le libre arbitre.

L'autre réponse est l'approche des histoires alternatives. Elle a été proposée par le physicien David Deutsch et semble avoir inspiré à Robert Zemeckis son film *Retour vers le futur*. Dans une histoire alternative, il n'y a aucun retour depuis le futur avant que la fusée ne décolle et donc aucune possibilité de la détruire. Mais une autre histoire s'offre au voyageur revenant du futur : l'humanité a fait un effort considérable pour construire un vaisseau spatial, mais juste avant son lancement, un vaisseau semblable arrive de l'autre bout de la Galaxie et le détruit.

David Deutsch a basé son approche des histoires alternatives sur la notion de « somme des histoires » introduite par Richard Feynman. L'idée est que selon la théorie quantique, l'Univers n'a pas une histoire unique. Il a toutes les histoires possibles, chacune ayant une certaine probabilité. Il doit y avoir une histoire dans laquelle le Proche-Orient connaît une paix durable, même si sa probabilité est faible.

Dans certaines histoires, l'espace-temps sera si courbe que les fusées pourront y voyager dans leur propre passé. Mais chaque histoire est complète et cohérente ; elle décrit non seulement l'espace-temps, mais aussi les objets qui s'y trouvent. Une fusée ne peut ainsi passer d'une histoire alternative à une autre quand elle revient. Elle doit rester dans son histoire à elle. Ainsi, malgré ce qu'avance Deutsch, je pense que la notion de somme des histoires est davantage en faveur des histoires consistantes que des histoires alternatives. Le scénario des histoires consistantes serait donc le plus probable, ce qui ne poserait pas de problèmes de déterminisme ou de libre arbitre si les probabilités sont suffisamment faibles pour les histoires dans lesquelles l'espace-temps est si courbe que le voyage dans le temps à notre échelle y est possible. J'appelle cela la « conjecture de protection chronologique » : les lois de la physique font en sorte d'interdire le voyage dans le temps à notre échelle.

Cela a-t-il un sens de convier les voyageurs dans le temps à une surprise-partie ?
En 2009, j'ai organisé une fête pour les voyageurs dans le temps dans mon collège de Cambridge, Gonville and Caius, à l'occasion d'un film sur le sujet. Pour m'assurer que seuls des vrais voyageurs dans le temps soient là, je n'ai envoyé les invitations qu'après que la fête avait eu lieu. Hélas, personne n'est venu. J'étais déçu, mais pas surpris, car j'ai montré que le voyage dans le temps est impossible. J'aurais adoré avoir eu tort.

Il semble bien que, quand l'espace-temps se courbe suffisamment pour permettre de voyager dans le passé, les particules virtuelles deviennent presque des particules réelles suivant des trajectoires fermées. La densité des particules virtuelles et de leur énergie devient gigantesque, ce qui implique que la probabilité de leurs histoires est très faible. Il semble donc bien qu'une « Agence de protection chronologique » garantisse la sécurité des historiens. Mais ce thème des plis de l'espace et du temps en est encore à ses balbutiements. Selon la théorie des cordes, qui est notre meilleur espoir d'unifier un jour la relativité générale et la théorie quantique dans une théorie du Tout, l'espace-temps a dix dimensions, et non quatre, six d'entre elles étant étroitement repliées sur elles-mêmes, et donc invisibles. Les quatre autres, qui constituent notre espace-temps, seraient raisonnablement plates. Si cela est exact, il sera peut-être possible de mêler nos dimensions avec les six autres, qui possèdent une forte courbure. Personne ne sait ce qui pourrait en résulter, mais c'est une perspective excitante.

En résumé, pour autant qu'on puisse en juger aujourd'hui, le voyage rapide dans l'espace-temps, ou le voyage dans le passé, ne sont pas impossibles. Comme ils poseraient cependant de redoutables problèmes de logique, espérons qu'une loi de protection chronologique nous empêchera de revenir vers le passé pour tuer nos parents. Mais que les amateurs de science-fiction ne perdent pas espoir : la théorie des cordes leur réserve peut-être des surprises.

7

LES TERRIENS
VONT-ILS SURVIVRE ?

En janvier 2018, le *Bulletin of the Atomic Scientists,* fondé par des physiciens qui avaient travaillé au projet Manhattan de mise au point de la bombe atomique, avança la Doomsday Clock, l'« horloge de l'Apocalypse ». Elle annonce l'imminence de la catastrophe – militaire ou environnementale – qui menace notre planète. Elle fut réglée sur 2 minutes avant minuit.

Cette horloge a une histoire intéressante. Elle fut conçue en 1947, alors que l'âge atomique venait de commencer. Deux ans auparavant, quand explosa la première bombe en juillet 1945, Robert Oppenheimer, chef du projet Manhattan, déclara : « Nous savions que le monde ne serait plus le même. Certains rirent, d'autres pleurèrent, la plupart restèrent silencieux. Il me revint un vers d'un grand livre hindou, la Bhagavad-Gita : "Maintenant je suis la mort, le destructeur des mondes." »

En 1947, l'horloge était réglée sur 7 minutes avant minuit. Elle est maintenant plus proche que jamais de l'apocalypse, sauf au début des années 1950, pendant la guerre froide. En tant que scientifique, je prends très au sérieux cet avertissement – purement symbolique évidemment – venant de mes collègues, avertissement en partie motivé par l'arrivée de Donald Trump à la présidence des États-Unis. L'idée que l'humanité vit ses derniers moments est-elle alarmiste ou réaliste ? Et cette alerte est-elle bien minutée, ou est-ce une perte de temps ?

J'ai un intérêt personnel pour le temps. D'abord, le livre qui m'a rendu célèbre au-delà de la communauté scientifique était intitulé *Une brève histoire du temps*. Du coup, certains pourraient imaginer que je suis un expert du temps, quoique par les temps qui courent il ne fasse pas bon être un expert. Ensuite, en tant qu'individu à qui les médecins ont dit, quand il avait 21 ans, qu'il avait cinq ans à vivre et qui vient de fêter ses 76 ans en 2018, je suis un expert en temps d'une façon plus personnelle. Je suis malaisément conscient du passage du temps, et j'ai vécu avec le sentiment que le temps qui m'a été donné m'était en fait prêté.

Il ne fait aucun doute que notre monde est plus instable politiquement qu'il ne l'a jamais été au cours de ma vie. Quantité de gens se sentent abandonnés économiquement et socialement. Ils se tournent donc vers les populistes, ou vers des politiciens ayant une expérience limitée du gouvernement et de l'art de prendre calmement des décisions en période de crise. Cela devrait inciter à rapprocher encore de minuit les aiguilles de l'horloge.

La Terre est sous la menace de tant de choses diverses qu'il m'est bien difficile de rester positif. Les dangers sont nombreux et considérables.

D'abord, elle devient trop petite pour nous. Nos ressources physiques s'épuisent à un rythme alarmant. Nous avons suscité le désastreux changement climatique. Hausse des températures, fonte des calottes glaciaires, déforestation, surpopulation, épidémies, guerre, famine, manque d'eau et décimation des espèces animales. Tous ces problèmes ont des solutions, mais ils restent irrésolus.

Nous sommes tous responsables du changement climatique. Nous voulons des voitures, des voyages lointains et un niveau de vie élevé. Mais le temps que les gens réalisent ce qui est en train de se passer, il risque d'être trop tard. À l'aube du deuxième âge nucléaire, dans une période de chaos climatique sans précédent, les scientifiques ont une responsabilité particulière, celle d'informer le public et les décideurs de l'importance des périls qui nous guettent. En tant que scientifiques, nous savons les dangers des armes nucléaires et leurs effets dévastateurs, et nous étudions l'impact de l'activité humaine et de la technologie sur le climat, un impact susceptible de changer durablement la vie sur Terre. En tant que citoyens du monde, nous avons le devoir de partager ce savoir, et d'alerter l'opinion sur les risques inutiles que nous prenons chaque jour. Nous serons tous en péril si les gouvernements et les sociétés n'agissent pas rapidement pour éliminer les armes nucléaires et enrayer le changement climatique.

Et en ces temps de crise environnementale, ces mêmes politiciens qui devraient agir d'urgence dénient la réalité de l'origine anthropique du changement climatique, ou notre capacité à y apporter un remède. Le risque est que le réchauffement climatique s'emballe, s'il ne l'a pas déjà fait. La fonte des calottes glaciaires arctique et antarctique réduit la fraction d'énergie solaire renvoyée vers l'espace, et augmente davantage encore la température. Le changement climatique va tuer l'Amazonie et les autres forêts tropicales, supprimant ainsi un des rares systèmes capables de fixer le CO_2 de l'atmosphère. L'élévation de la température des océans peut quant à elle libérer les considérables quantités de CO_2 qui y sont piégées. Tout cela aurait pour effet d'accentuer l'effet de serre et d'accélérer le réchauffement. La Terre suivra peut-être l'évolution de Vénus où règne une chaleur torride (460 °C) et où il pleut de l'acide sulfurique. La vie humaine est menacée. Il faut aller bien au-delà du protocole de Kyoto, accord international signé en 1997, et arrêter dès maintenant les émissions de carbone. Nous avons la technologie. Il manque la volonté politique.

Quand l'humanité a rencontré des crises analogues dans le passé, elle a trouvé de nouveaux lieux à coloniser. C'est ce que fit Christophe Colomb en 1492 en découvrant l'Amérique. Mais il n'y a plus de Nouveau Monde sur cette planète, plus d'utopie à attendre. Nous manquons d'espace vital et regardons anxieusement vers d'autres mondes.

L'Univers est un lieu violent. Les étoiles y engloutissent les planètes, les supernovae y explosent, les trous noirs y entrent en collision et les astéroïdes y filent à des centaines de kilomètres à la seconde. Avouez que ces phénomènes sont un peu intimidants. Et pourtant, nous devrons nous aventurer dans l'espace. Nous ne pourrions rien faire contre la chute d'un gros astéroïde. Le dernier impact, il y a 66 millions d'années, a éradiqué les dinosaures. Il en ira de même pour nous, si nous attendons assez longtemps. C'est garanti par les lois de la physique et des probabilités.

La guerre nucléaire est sans doute la plus grande menace qui pèse sur l'humanité à l'heure actuelle. C'est un danger que nous avons un peu oublié. La Russie et les États-Unis ne sont plus à l'époque de la guerre froide, mais ont suffisamment de bombes pour détruire la planète. Supposons qu'il y ait un accident, ou que des terroristes aient accès à cet arsenal – risque multiplié par le nombre de pays qui possèdent l'arme atomique. Avec le temps, ce risque nucléaire peut décroître, mais d'autres menaces le remplaceront. Nous devons rester sur nos gardes.

D'une façon ou d'une autre, il est évident qu'un conflit nucléaire ou une catastrophe environnementale se produira dans le millénaire à venir, ce qui, du point de vue des temps géologiques, est la durée d'un clin d'œil. Mais j'espère – je suis persuadé – que notre ingénieuse espèce aura trouvé le moyen de se libérer de ses attaches terrestres et de survivre au désastre. Il n'en va pas nécessairement de même avec les millions d'autres espèces qui partagent avec nous la planète, et dont la disparition pèsera lourdement sur notre conscience.

Nous témoignons d'une coupable indifférence à l'égard du futur de la planète. Aujourd'hui, nous n'avons nulle part où aller, mais dans l'avenir, nous ne pouvons garder tous nos œufs dans le même panier et nous restreindre à une seule planète. J'espère seulement que nous n'aurons pas détruit le panier d'ici là. Nous sommes, par nature, des explorateurs, poussés par la curiosité, qui est une qualité typiquement humaine. C'est la curiosité qui motivait les explorateurs qui ont montré que la Terre n'est pas plate, la curiosité qui nous a envoyés vers les étoiles à la vitesse de la pensée. Et chaque fois que nous faisons un pas dans cette direction, comme le fit Armstrong sur la Lune, nous faisons progresser l'humanité, nous rassemblons les peuples et les nations, nous favorisons la venue d'autres découvertes et de technologies nouvelles. Pour quitter la Terre, il faudra une approche globale et concertée. Il faudra retrouver l'excitation des débuts de l'aventure spatiale dans les années 1960. La technologie est à notre portée. Il est temps d'explorer d'autres systèmes solaires. Cela seul pourra nous sauver. Je suis convaincu que les hommes devront un jour quitter la Terre.

•

Alors, au-delà de ces espoirs spatiaux, à quoi va ressembler l'avenir, et comment la science pourrait-elle nous aider ?

L'image populaire de la science dans le futur est assez bien représentée par la série télévisée de science-fiction *Star Trek*, à laquelle il m'est arrivé de participer, ce qui était très amusant. Mais, en faisant cela, j'ai pris conscience que toutes les visions du futur depuis H. G. Wells sont essentiellement statiques. Elles montrent une société très en avance sur la nôtre, en science, en technologie et en organisation politique (ce qui n'est pas difficile), mais pas les tensions, bouleversements et révolutions nécessaires pour y parvenir. En tout cas, la société qu'on nous présente a atteint un niveau de quasi-perfection et n'évolue plus.

Je me demande si l'on atteindra un jour un palier en science et en technologie. À aucun moment, depuis la dernière glaciation il y a dix mille ans, l'homme n'a connu le moindre palier de connaissances et d'inventions techniques. Il y eut quelques retours en arrière après la chute de l'Empire romain, mais la croissance de la population, qui est une mesure du niveau technologique, a été continue, malgré quelques accidents comme les épidémies de peste. Dans les deux derniers siècles, cette croissance est devenue exponentielle : la population est passée de 1 milliard à 7,6 milliards. D'autres indicateurs du développement technologique, comme la consommation d'électricité ou le nombre d'articles scientifiques, montrent aussi une croissance quasi exponentielle. Au point que certains se sentent trompés par les politiciens et les scientifiques : pourquoi n'avons-nous pas déjà atteint la perfection des visions utopiques de l'avenir ? Par exemple, le film *2001 : l'Odyssée de l'espace* montrait une base lunaire et un vol habité vers Jupiter. Je vois mal cela se réaliser dans les années à venir.

Rien n'indique que le développement scientifique et technique doive ralentir et s'arrêter dans un futur proche. Et certainement pas à l'époque de *Star Trek*, située dans trois cent cinquante ans seulement. Mais la présente croissance exponentielle ne saurait continuer dans le millénaire à venir. En 2600, la population mondiale aura considérablement crû, et la consommation d'électricité chauffera la planète à blanc. Si les nouveaux livres étaient posés l'un à côté de l'autre au fur et à mesure de leur publication, il faudrait se déplacer à 140 kilomètres par heure pour pouvoir suivre l'avancée de la rangée ! Bien sûr, en 2600, la production artistique et scientifique sera essentiellement numérique plutôt que sous forme de livres, mais dans mon domaine par exemple, il paraîtra 10 articles par seconde, et personne n'aura le temps de les lire.

La croissance exponentielle actuelle ne peut continuer indéfiniment. Que va-t-il se passer ? Une possibilité est que nous soyons exterminés par une guerre nucléaire. Et même si nous y survivons, il se peut que nous retombions dans un état de barbarie rappelant la scène d'ouverture de *Terminator*. Mais je suis optimiste. Nous avons de bonnes chances de ne pas retourner au Moyen Âge.

Comment vont se développer la science et la technologie au cours du prochain millénaire ? La question est difficile, mais je vais vous livrer mes propres prédictions. Je ne prends guère de risques pour le siècle à venir mais au-delà, c'est de la pure spéculation.

Notre science moderne a commencé à peu près à l'époque de la conquête de l'Amérique. À la fin du XIXe siècle, on pensait que tout avait été découvert et que la physique dite classique était achevée. Les lois de la physique classique s'intéressent aux quantités physiques accessibles au sens commun, comme la position ou la vitesse, qui sont bien définies et qui varient continûment. Mais le sens commun n'est pas exempt d'idées préconçues, comme celle que l'énergie, par exemple, doit varier de façon continue. Or, dès le début du XXe siècle, des observations montraient que l'énergie varie par quantités discrètes, les quanta. La nature est discrète, et non continue.

Pour la physique des quanta, la mécanique quantique, les choses n'ont pas une histoire unique. Elles ont tout l'ensemble des histoires possibles, chacune avec sa propre probabilité. Au niveau des particules individuelles, les histoires possibles incluent celles qui vont plus vite que la lumière et même celles qui remontent le temps. Pourtant, remonter le temps n'est pas une question absurde, car cela a des conséquences observables. L'espace vide est en réalité rempli de particules se déplaçant sur des boucles fermées dans l'espace-temps. Elles se déplacent dans le sens du temps d'un côté de la boucle, et en remontant le temps de l'autre côté.

Comme il y a un nombre infini de points dans l'espace-temps, il y a un nombre infini de telles boucles, dont l'énergie est donc aussi infinie. Mais une énergie infinie courberait l'espace-temps en un point unique. Même la science-fiction n'a jamais osé imaginer une telle chose.

Maîtriser cette énergie infinie, faire en sorte que les boucles s'annihilent, a occupé la physique théorique au cours des vingt dernières années. On y parviendra quand on aura unifié la théorie quantique avec la relativité générale d'Einstein.

Quelles sont nos chances de découvrir une telle théorie complète dans le prochain millénaire ? Excellentes, selon moi, mais il est vrai que je suis un optimiste invétéré. En 1980, j'ai dit que nous avions une chance sur deux de trouver une théorie unifiée complète dans les vingt années à venir. On y a fait de remarquables progrès, mais la théorie est encore loin. Alors, le Saint Graal de la physique restera-t-il toujours hors de portée ? Je ne le crois pas.

Au début du XXᵉ siècle, on a compris le fonctionnement de la nature selon les lois de la physique classique, valables jusqu'au centième de millimètre. La physique atomique, dans les années 1930, nous a menés jusqu'au millionième de millimètre. Depuis, la physique nucléaire et de haute énergie nous a donné accès à des dimensions un milliard de fois plus petites. On voit mal ce qui pourrait arrêter cette course à l'infiniment petit, mais il y a cependant une limite, de même qu'une série de poupées russes finit toujours par s'arrêter. On tombe sur la plus petite poupée, qui, elle, ne s'ouvre pas. En physique, cette dernière poupée s'appelle « longueur de Planck », soit un cent millième de milliardième de milliardième de milliardième de millimètre. On n'est pas près de construire l'accélérateur de particules qui nous donnera accès à une telle dimension. Il faudrait qu'il soit plus grand que le Système solaire, ce qui poserait quelques problèmes financiers. Heureusement, certaines conséquences de nos théories peuvent être testées par des machines bien plus modestes.

Il sera à jamais impossible d'atteindre la longueur de Planck en laboratoire. On peut étudier le Big Bang comme laboratoire pour tester des énergies plus hautes et des longueurs plus petites que celles auxquelles on peut accéder sur Terre. Pour autant, nous devrons nous en remettre à la beauté et à la consistance mathématiques pour trouver l'ultime théorie du Tout, avant de pouvoir la tester expérimentalement.

La vision du futur façon *Star Trek*, celle d'un progrès culminant dans un palier statique, peut se révéler exacte d'après notre connaissance des lois qui régissent l'Univers.

Mais je ne crois pas que nous atteindrons jamais un palier dans l'usage que nous ferons de ces lois. La théorie ultime ne fixera aucune limite à la complexité des systèmes que nous pourrons produire, et c'est de cette complexité que viendront les progrès majeurs dans le prochain millénaire.

•

Les systèmes de loin les plus complexes que nous connaissions sont nos propres corps. La vie semble être apparue dans l'océan primordial qui recouvrait la Terre il y a 4 milliards d'années. On ne connaît pas les détails de cet événement. Peut-être est-il le résultat de collisions aléatoires entre des macromolécules capables de s'autoreproduire et de générer des structures de plus en plus complexes. Tout ce que l'on sait est qu'il y a 3,5 milliards d'années, la molécule d'ADN est apparue. L'ADN est la base de toute la vie terrestre. Sa structure en double hélice, comme un double escalier en spirale, a été découverte par Francis Crick et James Watson au laboratoire Cavendish de Cambridge en 1953. Les deux brins de la double hélice sont liés par des paires d'acides nucléiques qui constituent les marches de l'escalier. Il y a quatre sortes d'acides nucléiques, cytosine, guanine, adénine et thymine. L'ordre dans lequel ils s'échelonnent le long de l'hélice est l'information génétique qui permet à la molécule d'ADN d'assembler un organisme et de se reproduire elle-même. En faisant des copies de lui-même, l'ADN fait parfois des erreurs dans l'ordre des acides nucléiques. La plupart du temps, cela empêche l'ADN de se dupliquer, ces erreurs, ou mutations, disparaissant alors. Mais, dans certains cas, la mutation augmente les chances de l'ADN de se reproduire. Cette sélection naturelle des mutations a d'abord été proposée par Charles Darwin, autre étudiant de Cambridge, en 1858, bien qu'il ait totalement ignoré l'existence du mécanisme en cause. Ainsi, l'information portée par la séquence d'acides nucléiques évolue peu à peu vers une complexité croissante.

L'évolution biologique étant une marche au hasard dans l'espace des possibles génétiques, elle est d'une grande lenteur. La complexité, la quantité d'information codée dans l'ADN, est à peu près proportionnelle au nombre de ses acides nucléiques. Chaque bit d'information peut être vu comme la réponse par oui ou par non à une question. Pendant les deux premiers milliards d'années, l'accroissement de la complexité a dû être de l'ordre d'un bit d'information par siècle. Il a ensuite augmenté jusqu'à un bit par année dans le dernier million d'années. Mais nous entrons maintenant dans une nouvelle ère : nous allons pouvoir augmenter la complexité de notre ADN en nous affranchissant de la lenteur de l'évolution biologique. Il n'y a eu aucun changement majeur de l'ADN humain pendant les derniers dix mille ans, mais ce ne sera pas le cas à l'avenir. Bien sûr, beaucoup s'opposent aux manipulations génétiques sur les humains, mais je pense qu'ils ne parviendront pas à les empêcher. L'ingénierie génétique sur les plantes et les animaux est autorisée pour des raisons économiques et quelqu'un, un jour, l'appliquera aux hommes. À moins que l'on ne vive sous un régime totalitaire mondialisé, quelqu'un créera un jour des humains améliorés.

**Quelles sont les plus grandes menaces
pour notre planète ?**

Contre une collision d'astéroïde, nous n'aurions aucun moyen de défense. Mais la dernière collision, celle qui a tué les dinosaures, remonte à 66 millions d'années.

Un danger plus immédiat est le changement climatique. La fonte des glaces polaires augmenterait la quantité de CO_2 dans l'atmosphère. L'effet de serre sur Terre pourrait finir par ressembler à celui qui existe sur Vénus, où la température est de 460 °C.

Cela posera des problèmes sociaux et politiques redoutables vis-à-vis des humains non améliorés. Je ne dis pas que l'ingénierie génétique appliquée à l'homme soit une bonne chose, je dis qu'elle deviendra réalité dans les siècles à venir, que nous le voulions ou non. C'est pour cela que je ne crois pas aux héros de *Star Trek* qui n'évoluent guère pendant plusieurs siècles. L'humanité et son ADN vont se complexifier très rapidement.

De fait, l'homme doit améliorer ses qualités physiques et mentales s'il veut gérer la complexité du monde à venir et relever des défis comme l'aventure spatiale. Et il doit aussi se complexifier s'il veut maîtriser les systèmes électroniques. Aujourd'hui, les ordinateurs ont l'avantage de la vitesse, mais ils n'ont pas l'intelligence. Ce n'est guère surprenant car nos ordinateurs actuels sont moins complexes que le cerveau d'un ver de terre, espèce qui n'est pas réputée pour ses capacités intellectuelles. Mais les ordinateurs obéissent à la loi de Moore. Cette loi dit que leur vitesse et leur complexité doublent tous les dix-huit mois. Bien sûr, une telle croissance exponentielle ne peut continuer éternellement, et elle a d'ailleurs commencé à ralentir. Elle continuera cependant jusqu'à ce que les ordinateurs aient le même degré de complexité que le cerveau humain. Certains disent que les ordinateurs ne pourront jamais faire preuve d'intelligence, mais il me semble que si des molécules chimiques y sont parvenues, des circuits électroniques devraient aussi y parvenir. Et si des ordinateurs deviennent intelligents, ils seront capables de fabriquer des ordinateurs encore plus intelligents.

C'est pourquoi je ne crois pas à la vision d'un futur figé, qui ne progresserait plus. La complexité va inéluctablement augmenter, aussi bien en biologie qu'en électronique. Ce ne sera peut-être pas évident au cours du siècle prochain mais dans le millénaire à venir, si l'humanité va jusque-là, le changement sera profond.

Lincoln Steffens* a dit : « J'ai vu l'avenir, et ça marche. » Il parlait de l'Union soviétique qui, comme on le sait, n'a finalement pas très bien marché. Pour ma part, je pense que l'ordre du monde actuel a un avenir, mais qu'il sera radicalement différent.

---

* Journaliste américain (1866-1936) (*NdT*).

8

FAUT-IL COLONISER L'ESPACE ?

Pourquoi devrions-nous aller dans l'espace ? Est-il bien raisonnable de dépenser autant d'énergie et d'argent pour rapporter quelques morceaux de roches lunaires ? N'a-t-on pas suffisamment à faire sur Terre ? La réponse, toute simple, est que l'espace est là, tout autour de nous. Ne pas quitter un jour la planète Terre, ce serait comme refuser, pour un naufragé, de quitter son île déserte. Nous devons explorer le Système solaire pour trouver un autre lieu vivable.

La situation est un peu comme celle de l'Europe avant 1492. On pouvait dire que l'expédition hasardeuse de Christophe Colomb était un gouffre financier. Pourtant, la découverte du Nouveau Monde a tout changé dans l'Ancien Monde. Imaginez : on n'aurait ni McDo ni KFC ! La conquête de l'espace aura un effet bien plus profond. Elle va radicalement changer l'histoire de l'humanité, et sera peut-être déterminante pour lui assurer un avenir. Cela ne résoudra pas nos problèmes terrestres, mais nous donnera de nouvelles perspectives sur ces questions, et nous incitera à nous unir pour faire face aux grands défis qui nous menacent.

Ce sera bien sûr une stratégie de long terme, à l'horizon de quelques siècles ou d'un millénaire. On pourrait construire une base sur la Lune d'ici trente ans, atteindre Mars d'ici cinquante ans et explorer les satellites des planètes géantes dans deux siècles. Quand je parle d'atteindre Mars, je veux dire y envoyer un vol habité. Il y a déjà des robots sur Mars, et l'on a fait atterrir une sonde sur Titan, un satellite de Saturne, mais c'est ici de l'homme qu'il s'agit.

Aller dans l'espace coûtera très cher, mais ce ne sera qu'une petite partie des ressources terrestres. Le budget de la NASA est resté à peu près constant depuis le programme Apollo, mais il a baissé – de 0,3 % du PIB américain en 1970 à 0,1 % en 2017. Même si l'on multipliait par 20 le budget international afin de se lancer vraiment dans l'espace, cela ne représenterait encore qu'une faible partie du PIB mondial.

On objectera qu'il vaudrait mieux d'abord dépenser cet argent à résoudre les problèmes de la planète, comme le changement climatique et la pollution. Je ne nie pas l'importance de la lutte contre le réchauffement climatique, mais on peut la financer et consacrer à l'espace 0,25 % du PIB mondial. Notre avenir ne vaut-il pas un quart de point de pourcentage ?

Dans les années 1960, on a consenti un gros effort au spatial. Le président Kennedy, en 1962, s'est engagé à poser un Américain sur la Lune avant la fin de la décennie. Le 20 juillet 1969, Buzz Aldrin et Neil Armstrong ont aluni, et cela a changé le destin de l'espèce humaine. J'avais alors 27 ans, j'étais un jeune chercheur à Cambridge, et j'ai raté l'alunissage. Je me trouvais à Liverpool, dans un colloque sur les singularités, et j'assistais à une conférence de René Thom sur la théorie des catastrophes. Il n'y avait pas de magnétoscope à l'époque, et je n'ai vu l'événement que plus tard, mais mon fils, alors âgé de 2 ans, m'a tout raconté.

La course à l'espace a engendré un engouement pour la science et a boosté le progrès technologique. La saga de l'homme sur la Lune a suscité nombre de vocations chez les scientifiques d'aujourd'hui. Elle nous a donné de nouvelles perspectives sur le monde, en nous incitant à voir notre planète comme un tout d'une grande fragilité. Pourtant, après la dernière expédition lunaire en 1972 et l'abandon des programmes spatiaux, l'intérêt du public a rapidement décliné. Cela s'est accompagné, en Occident, d'un désenchantement général à l'égard de la science, qui avait certes apporté de grands bénéfices, mais n'avait pas résolu les problèmes sociaux qui accaparaient l'attention du public.

Un nouveau programme de vol habité pourrait faire renaître l'enthousiasme pour l'espace, et pour la science en général. Les sondes robotisées sont beaucoup moins chères que les vols habités, et apportent énormément d'informations scientifiques, mais elles ne capturent pas autant l'imagination. Et elles ne font rien pour la conquête de l'espace par l'homme, qui doit être selon moi la stratégie à long terme. Un programme comportant une base lunaire en 2050 et l'homme sur Mars en 2070 relancerait le spatial en lui donnant un but, à l'image de Kennedy désignant la Lune dans les années 1960. En 2017, Elon Musk annonçait un projet SpaceX de base lunaire et de mission martienne pour 2022, tandis que Donald Trump signait une directive réorientant la NASA vers l'exploration spatiale. Tout cela va dans le bon sens.

Ce nouvel intérêt pour l'espace profiterait aussi plus largement à la science. La faible estime dans laquelle sont en général tenus la science et les chercheurs a de graves conséquences. Dans notre société de plus en plus scientifique et technologique, de moins en moins de jeunes esprits souhaitent se consacrer à la science. Un ambitieux programme spatial les inciterait puissamment à se diriger vers les sciences, et pas seulement l'astrophysique et l'aéronautique.

J'ai vécu cela moi-même. Enfant, j'ai toujours rêvé de voyages spatiaux. Pendant longtemps, j'ai cru que ce ne serait toujours qu'un rêve. Confiné à la Terre et à mon fauteuil roulant, comment pourrais-je, autrement que par l'imagination et mon travail en physique théorique, faire l'expérience magique de l'espace ? Je n'avais jamais pensé voir notre planète depuis l'espace, et l'infini au-delà. C'était le privilège des astronautes, ces heureux élus à qui était réservé l'émerveillement spatial. Mais je n'avais pas pris la mesure de l'enthousiasme suscité par la conquête spatiale. En 2007, j'ai participé à un vol parabolique (en avion) de quelques minutes en apesanteur. C'était extraordinaire. J'aurais aimé que cela ne s'arrête jamais.

Il m'est arrivé de dire que l'humanité n'a pas d'avenir si elle ne poursuit pas la conquête de l'espace. Je persiste et je signe. C'est aux scientifiques comme moi, en association avec des entrepreneurs et des financiers, de promouvoir les voyages spatiaux.

Mais les hommes peuvent-ils vivre longtemps loin de la Terre ? Notre expérience avec la Station spatiale internationale montre que l'on peut vivre plusieurs mois sans revenir sur Terre, même si l'apesanteur provoque des changements physiologiques gênants, tels que la fragilisation des os et la diminution de la masse musculaire. Il faudrait donc une base fixe, avec une pesanteur artificielle, pour vivre sur une planète ou un satellite. En s'enterrant sous la surface, on se protégerait des météorites et des rayons cosmiques, tout en assurant une bonne isolation thermique. On pourrait aussi exploiter les matières premières nécessaires pour y faire vivre une communauté, indépendamment de la Terre.

Quels lieux pourraient nous accueillir dans le Système solaire ? Le plus évident est la Lune. Elle est toute proche, et relativement facile à atteindre. On s'y est déjà posé, et on y a même roulé avec un buggy lunaire. Mais la Lune est petite, dénuée d'atmosphère et de champ magnétique précieux, comme c'est le cas sur Terre, pour nous protéger des particules du vent solaire. Il n'y a pas d'eau liquide, bien qu'il y ait de la glace dans les cratères polaires. Une colonie lunaire pourrait utiliser cette source d'oxygène, moyennant une centrale nucléaire ou des panneaux solaires. La Lune pourrait être une base, un tremplin vers d'autres destinations dans le Système solaire.

Mars est la deuxième cible évidente. Comme elle est plus éloignée du Soleil que la Terre, elle ne reçoit que la moitié de l'énergie reçue par cette dernière. Elle a eu un champ magnétique, mais il a disparu il y a 4 milliards d'années, laissant la planète exposée aux rayonnements solaires. Son atmosphère a aussi quasiment disparu, puisque la pression atmosphérique est de 1 % de celle de la Terre. Cependant, cette pression a dû être supérieure dans le passé, car on voit nettement des traces de rivières et de lacs asséchés. L'eau liquide ne peut exister sur Mars aujourd'hui : elle s'évaporerait comme elle le fait dans le vide. Cela indique que Mars a connu une période chaude et humide, au cours de laquelle la vie a pu apparaître, soit spontanément, soit par panspermie – apport de molécules complexes venues de l'espace. Il n'y a plus aucun signe de vie sur Mars, mais si l'on trouvait que la vie y est apparue dans le passé, cela indiquerait que la probabilité d'apparition spontanée de la vie sur une autre planète est élevée. Il faut cependant être très prudent : il ne faudrait surtout pas contaminer Mars avec de la vie terrestre, ni rapporter de là-bas une vie différente qui pourrait éradiquer toute vie terrestre.

La NASA a envoyé de nombreuses sondes spatiales vers Mars, à commencer par Mariner 4 en 1964, et l'a étudiée avec plusieurs sondes en orbite. Elles ont révélé de profonds canyons et les plus hautes montagnes du Système solaire. La NASA a aussi fait atterrir plusieurs sondes à la surface, qui ont renvoyé l'image d'un désert de poussière. Pourtant, comme sur la Lune, il y a de la glace dans les régions polaires, qui pourrait être utilisée par une colonie comme source d'oxygène. Mars a aussi eu une activité volcanique, qui a pu apporter en surface des minerais utilisables.

Mars et la Lune sont les planètes les plus propices à une colonisation humaine. Mercure et Vénus sont trop chaudes, et Jupiter et Saturne sont des planètes gazeuses, dénuées de surface solide. Les satellites de Mars sont tout petits, mais ceux de Jupiter et Saturne sont plus intéressants. Europe, satellite de Jupiter, est entièrement glacée, mais il y a peut-être un océan sous sa banquise, dans lequel une forme de vie a pu apparaître. Pour le savoir, il suffit d'y aller et de creuser un trou.

Titan, satellite de Saturne, est plus grand que la Lune et a une atmosphère dense. La mission Cassini de la NASA et de l'ESA (Agence spatiale européenne) y a fait atterrir la sonde Huygens, qui nous a envoyé des images extraordinaires. Mais il y fait très froid. Et je me vois mal vivant près d'un lac de méthane liquide.

Et si l'on quittait le Système solaire ? Il semble que beaucoup d'étoiles aient autour d'elles des planètes. Jusqu'à présent, on ne sait détecter que les planètes géantes, du type de Jupiter et Saturne, mais il est raisonnable de penser que l'on détectera bientôt des planètes plus petites, de la taille de la Terre. Certaines se trouveront dans la zone dite « Boucles d'or* », à une distance de leur étoile telle que l'eau liquide puisse y exister en surface. Il y a environ mille étoiles à moins de 30 années-lumière de la Terre. Si 1 % ont des planètes

---

* Dans le conte pour enfants *Boucles d'or et les trois ours*, l'héroïne, arrivée à la maison des ours, trouve trop chaude la soupe de la première assiette, trop froide celle de la deuxième, et juste à son goût celle de la troisième. Une planète située dans la zone Boucles d'or n'est ni trop éloignée de son étoile ni trop proche : juste à la bonne distance pour que la vie puisse éventuellement y apparaître (*NdT*).

de la taille de la Terre dans la zone Boucles d'or, cela donne dix candidats. Prenez Proxima b, par exemple. Cette exoplanète, la plus proche de la Terre – mais tout de même à 4,5 années-lumière –, est en orbite autour de l'étoile Proxima (ou Alpha) du Centaure et semble assez semblable à la Terre.

Le voyage vers ces nouveaux mondes possibles n'est pas réalisable aujourd'hui, mais rien n'interdit de faire travailler notre imagination pour l'envisager à long terme, dans les siècles à venir. La vitesse à laquelle avance une fusée dépend de deux facteurs : la vitesse à laquelle les gaz sont éjectés de la tuyère, et la fraction de sa masse perdue lors de l'accélération. La vitesse d'éjection des gaz est de l'ordre de 3 kilomètres par seconde. En expulsant ainsi 30 % de sa masse, une fusée peut atteindre 0,5 kilomètre par seconde, après quoi elle ralentira. Selon la NASA, il faudrait alors 260 jours, à 10 jours près, pour atteindre Mars, voire 130 jours selon certains. Mais il faudrait 3 millions d'années pour atteindre le système stellaire le plus proche. Aller plus vite impliquerait une plus grande vitesse d'éjection qu'avec des fusées chimiques. Pourquoi pas la lumière elle-même, projetée à l'arrière du vaisseau ? La fusion nucléaire fournirait 1 % de l'énergie de masse du vaisseau, ce qui accélérerait le vaisseau au dixième de la vitesse de la lumière. Au-delà, il faudrait employer l'annihilation matière-antimatière, ou une forme d'énergie radicalement nouvelle. En fait, la distance à Alpha du Centaure est si grande que pour la parcourir en l'espace d'une vie humaine, un vaisseau devrait emporter une masse de carburant de l'ordre de celle de toutes les étoiles de la galaxie. En d'autres termes, le voyage interstellaire est de nos jours impossible, et Alpha du Centaure ne deviendra jamais une destination de vacances.

L'imagination et l'ingéniosité peuvent nous mener vers une solution. En 2016, avec Iouri Milner, nous avons lancé Breakthrough Starshot, un programme à long terme de recherche et développement destiné à faire du voyage interstellaire une réalité. En cas de succès, nous enverrons une sonde vers Alpha du Centaure dans le siècle à venir. Mais j'y reviendrai bientôt.

Par quoi commencer le voyage ? Jusqu'à présent, nous nous sommes limités à notre banlieue cosmique. Lancées il y a quarante ans, les intrépides sondes Voyager viennent d'atteindre l'espace interstellaire. Avec leur vitesse de 18 kilomètres par seconde (64 800 kilomètres par heure), il leur faudrait soixante-dix mille ans pour atteindre Alpha du Centaure, qui se trouve à 4,37 années-lumière.

Il est clair que nous entrons dans un nouvel âge spatial. Les premiers astronautes seront des pionniers, et les premiers vols seront très chers, mais, avec le temps, j'espère que le voyage spatial deviendra plus abordable. L'expérience de l'espace, devenue routinière, nous fera porter un autre regard sur notre vie terrestre et sur nos responsabilités, et nous aidera à concevoir un avenir dans l'espace, ce à quoi je crois que nous sommes destinés.

Comme je l'ai dit plus haut, Breakthrough Starshot veut préparer la conquête de l'espace et évaluer la possibilité d'une colonisation. Les programmes ont trois directions majeures : vaisseaux spatiaux miniaturisés, propulsion photonique (par la lumière) et lasers terrestres à verrouillage de phase. Le Star Chip (puce spatiale), une sonde spatiale entièrement fonctionnelle de quelques centimètres, sera relié à une voile solaire ne pesant que quelques grammes. On envisage d'envoyer en orbite un millier de Star Chip avec leur voile. Au sol, un réseau de lasers permettra d'obtenir un faisceau unique et très puissant. Dirigé vers l'armada de sondes, il communiquera à leurs voiles, par pression de radiation, des dizaines de gigawatts d'énergie.

L'idée est de faire surfer notre miniarmada sur un rayon lumineux, comme l'avait rêvé Einstein quand il avait 16 ans. Non pas à la vitesse de la lumière, mais au cinquième de celle-ci, soit 60 000 kilomètres par seconde (216 millions de kilomètres par heure). Un tel système atteindrait Mars en moins d'une heure, Pluton en quelques jours, rejoindrait les sondes Voyager en moins d'une semaine, et Alpha du Centaure en un peu plus de vingt ans. Une fois sur place, il transmettrait des images des planètes habitables, mesurerait les champs magnétiques et les molécules organiques, et renverrait les résultats vers la Terre au moyen d'un autre rayon laser, auquel il faudrait quatre ans pour être capté par les radiotélescopes. La flottille spatiale pourrait aussi survoler Proxima b, la planète « terrestre » située dans la zone habitable de l'étoile. En 2017, l'ESO (Observatoire européen austral) a lancé un programme de recherche sur les planètes habitables d'Alpha du Centaure.

Le programme Breakthrough Starshot aurait d'autres cibles. Il explorerait le Système solaire et détecterait les astéroïdes susceptibles d'entrer en collision avec la Terre. Le physicien allemand Claudius Gros a aussi proposé que cette technologie soit employée pour introduire une biosphère de bactéries unicellulaires sur des exoplanètes *a priori* inhabitables.

Voilà pour l'éventail des possibles, qui se heurte cependant à de vrais défis. Ces sondes devront résister à des accélérations extrêmes, au froid, au vide et aux particules du vent solaire, aux collisions avec des débris ou la poussière. En outre, il sera difficile, à cause de la turbulence de l'atmosphère terrestre, de focaliser les lasers sur les voiles solaires. Comment combiner malgré cela des centaines de lasers, et propulser les sondes – sans les détruire – dans la bonne direction ? Comment ensuite les maintenir en fonction pendant vingt ans afin qu'elles puissent nous retransmettre des données ? Ce sont là des problèmes techniques, et les ingénieurs sont là pour les résoudre. Avec une technologie plus avancée, d'autres missions pourront être envisagées. Même avec des lasers moins puissants, les durées des voyages spatiaux seront considérablement réduites.

Bien sûr, cela ne s'appliquerait qu'à des sondes robotisées, mais serait aussi applicable à des vols habités. Rien ne pourrait arrêter cette technologie : la culture humaine deviendrait interstellaire en se répandant dans la Galaxie. Et si Breakthrough Starshot nous envoie un jour des images d'une planète habitable en orbite autour d'un autre soleil, c'est l'avenir de l'humanité qui sera bouleversé.

La conquête de l'espace continue.
Qu'est-ce que cela représente pour vous ?
Je crois beaucoup à la conquête de l'espace. Je serais un des premiers à prendre mon billet. Dans un siècle, j'espère que nous pourrons aller n'importe où dans le Système solaire, sauf sur les planètes externes. Atteindre les étoiles proches prendra plus de temps. Disons cinq cents ans. Même avec de considérables progrès technologiques, le voyage prendra quelques dizaines d'années, voire plus.

Pour conclure, je vais revenir à Einstein. Si nous découvrons une planète dans le système d'Alpha du Centaure, son image, prise par une caméra se déplaçant au cinquième de la vitesse de la lumière, sera légèrement déformée par un effet relativiste. Ce serait la première fois qu'une sonde spatiale serait assez rapide pour témoigner d'un tel effet. De fait, la théorie d'Einstein est au cœur de cette mission. Sans elle nous n'aurions ni lasers ni la puissance de calcul nécessaire pour le guidage, l'imagerie et la transmission de données sur des milliards et des milliards de kilomètres, au cinquième de la vitesse de la lumière.

On peut voir un lien entre l'adolescent de 16 ans rêvant de chevaucher un rayon de lumière et notre propre rêve, que nous tentons de réaliser, de chevaucher un rayon de lumière vers les étoiles. Nous sommes à l'aube d'une nouvelle ère. La colonisation humaine d'autres planètes n'est plus du domaine de la science-fiction. Elle est du domaine de la science. L'humanité existe depuis 2 millions d'années. La civilisation a commencé il y a environ dix mille ans, et le rythme de son développement n'a pas faibli depuis lors. S'il se poursuit pendant quelques millénaires, notre futur consistera à aller là où personne d'autre n'est encore allé.

J'espère que cela se passera bien. Je suis obligé d'espérer. Nous n'avons pas d'autre option.

9

SERONS-NOUS DÉPASSÉS PAR L'INTELLIGENCE ARTIFICIELLE ?

L'intelligence est humaine. Tout ce que la civilisation a à nous offrir est le produit de l'intelligence humaine. L'ADN transmet le code de la vie d'une génération à la suivante. L'information en provenance de nos yeux et de nos oreilles, traitée par nos cerveaux qui n'ont cessé de se complexifier, nous permet de définir une action, puis d'agir sur le monde, *via* nos muscles par exemple. Quelque part, au long des 13,8 milliards d'années de notre histoire cosmique, quelque chose d'extraordinaire s'est produit. Ce traitement de l'information est devenu si intelligent qu'est apparue la conscience. Notre Univers s'est éveillé ; il a pris conscience de lui-même. C'est pour moi le plus grand triomphe de la vie que nous, simples poussières d'étoiles, en soyons venus à une connaissance aussi détaillée de l'Univers dans lequel nous vivons.

Je pense qu'il n'y a pas de différence qualitative entre le cerveau d'un ver de terre et un ordinateur. Et l'évolution a fait qu'il n'y en a pas non plus entre le cerveau d'un ver de terre et celui d'un homme. Il en résulte que les ordinateurs peuvent, en principe, accéder à l'intelligence humaine, et même la dépasser. Tout être ou objet peut acquérir une intelligence supérieure à celle de ses prédécesseurs : nous sommes plus intelligents que nos ancêtres grands singes, et Einstein était plus intelligent que ses parents.

Si les ordinateurs continuent à obéir à la loi de Moore et à doubler leur vitesse et leur capacité de mémoire tous les dix-huit mois, ils dépasseront l'intelligence humaine dans le siècle à venir. Quand une intelligence artificielle (IA) parviendra mieux que l'homme à concevoir de l'intelligence artificielle, de sorte qu'elle pourra s'améliorer elle-même, elle nous surpassera de la même façon que notre intelligence surpasse celle des escargots. Nous avons tout intérêt, quand cela se produira, à nous assurer que les ordinateurs auront les mêmes buts que nous. Ce serait une erreur de croire que la machine intelligente n'est qu'un ingrédient de science-fiction, une très grande erreur.

Pendant les vingt dernières années, l'IA s'est concentrée sur les systèmes experts, capables de percevoir et d'agir dans un environnement donné. Dans ce contexte, l'intelligence est synonyme de rationalité économique et statistique, c'est-à-dire de prise de décision et d'inférence. Les travaux les plus récents montrent l'intégration et la fertilisation croisée de ces champs d'expertise divers en matière d'apprentissage-machine, de statistiques, de théorie du contrôle, de neurosciences et autres domaines. La mise au point de structures théoriques communes, combinée avec la disponibilité des bases de données et l'amélioration des puissances de calcul, a permis de parvenir à de grands succès dans des tâches comme la reconnaissance de la parole et de l'image, les véhicules autonomes, la traduction automatique ou encore la robotique. À mesure que ces domaines, et d'autres, progressent en passant du laboratoire à des technologies rentables, un cercle vertueux se met en place : les innovations, même très modestes, rapportent beaucoup d'argent, lequel peut être à son tour investi dans la recherche. L'IA, chacun en convient, progresse à un rythme constant, et son impact sur la société ne cesse d'augmenter. Les bénéfices potentiels sont immenses : nul ne peut dire à quoi mèneront les nouveaux outils de l'IA. L'éradication des maladies et de la pauvreté est à notre portée. Mais à cause du potentiel de ces techniques, il est important d'apprendre à en tirer les bénéfices tout en évitant les impasses. La création d'une intelligence artificielle réussie serait un des plus grands événements de l'histoire.

Mais cet événement pourrait aussi être catastrophique, si nous ne parvenons pas à gérer les risques. Utilisée comme outil, l'IA peut augmenter notre intelligence et profiter à tous les secteurs de la science et de la société. Mais elle présente des dangers. Les premières formes d'intelligence artificielle ont jusqu'à présent été fructueuses, mais je crains que les étapes suivantes soient moins inoffensives. Alors que les humains sont limités par la lenteur de l'évolution biologique, les machines vont devenir de plus en plus autonomes et se modifier elles-mêmes à un rythme sans cesse accéléré, finissant par surpasser l'homme dans nombre de ses attributions.

Dans le futur, l'IA pourrait développer une volonté qui lui soit propre, et qui soit différente de nos intérêts humains. Certains croient que l'homme saura maîtriser les progrès de la machine, et que l'IA va résoudre beaucoup des problèmes de l'humanité. Bien que je sois un optimiste invétéré, je n'en suis pas si sûr.

À court terme, par exemple, une stratégie militaire envisageable consiste à confier la course aux armements à un système intelligent d'armes autonome, choisissant ses propres cibles. Tandis que les Nations unies s'emploient à faire interdire ce système, ses partisans se gardent bien de poser la question cruciale : à quoi mènerait une guerre nucléaire ? Veut-on vraiment que les armes intelligentes deviennent les nouvelles kalachnikovs, vendues sous le manteau à des criminels et des terroristes ? En 2010, ce sont des systèmes informatiques de *trading* algorithmique qui ont engendré aux États-Unis le Flash Crash, mini-krach boursier : que doit-on attendre d'un tel système dans le domaine militaire ? Le meilleur moment pour arrêter ces nouveaux systèmes d'armes, c'est maintenant.

À moyen terme, l'IA pourrait avec succès automatiser un grand nombre de tâches. Au-delà, on ne voit pas de limites à ce qui pourrait être réalisé. Aucune loi physique ne s'oppose à ce que les composants d'un ordinateur deviennent de plus en plus performants, jusqu'à simuler le cerveau humain. Une transition radicale est possible, mais elle sera sans doute bien différente de ce que l'on voit au cinéma. Comme l'a bien compris le statisticien britannique Irving Good en 1965, des machines douées d'une intelligence supérieure pourraient sans cesse s'auto-améliorer, menant vers ce que l'auteur de science-fiction Vernor Vinge appelle une singularité*. Dès lors, l'homme serait dépassé dans tous les domaines : marchés financiers, recherche scientifique, manipulation politique, armement. L'impact à court terme de l'IA dépendra du contrôle que nous exerçons sur elle ; à long terme, il dépendra de notre capacité, ou non, à la contrôler.

L'avènement d'une IA superintelligente peut donc être la meilleure ou la pire des choses. Le risque n'est pas la malveillance, mais la compétence. La machine atteindra tous ses buts, mais si ces buts ne sont pas en accord avec les nôtres, il y aura conflit d'intérêts. Vous n'êtes sans doute pas du genre à tuer les fourmis par plaisir, mais si vous êtes en charge d'un barrage hydroélectrique qui noiera une fourmilière, tant pis pour les fourmis. Essayons de ne pas être à la place des fourmis : il est plus que temps d'y réfléchir. Si une civilisation extraterrestre supérieure à la nôtre nous envoie un message pour nous prévenir de son arrivée dans quelques décennies, ne répondons pas : « OK, appelez quand vous arrivez, on laisse la lumière allumée. » Pourtant, c'est à peu près ce qui s'est passé avec l'IA. Son impact n'a fait l'objet d'aucune réflexion sérieuse, sauf de la part d'instituts spécialisés.

Heureusement, cela est en train de changer. Des pionniers comme Bill Gates, Steve Wozniak et Elon Musk développent une culture de l'évaluation du risque et des impacts sociaux de l'IA. En 2015, avec Elon Musk et des experts

---

* Cette « singularité » – point de convergence technologique – n'a aucun rapport avec celle – point de densité infinie – de l'astrophysique (*NdT*).

de l'IA, j'ai signé une lettre ouverte sur l'intelligence artificielle appelant à instituer une recherche pérenne sur ces questions. Musk a déjà alerté sur d'éventuelles mauvaises utilisations de l'IA. Nous sommes tous deux au Conseil scientifique du Future of Life Institute, organisation qui tente d'évaluer les dangers qui guettent l'humanité et qui a publié cette lettre ouverte. Il s'agit d'identifier les risques potentiels, de tirer le meilleur profit possible de l'IA et de travailler à sa sécurité. Le but n'est pas de jouer les Cassandre, mais de rassurer le public en l'informant sur les réflexions éthiques en cours dans ce domaine.

En octobre 2016, j'ai aussi inauguré un nouveau centre à Cambridge, dont la mission est de prendre la mesure des questions posées par le développement rapide de l'IA. Le Leverhulme Center for the Future of Intelligence est un institut multidisciplinaire dédié à la recherche sur l'avenir de l'intelligence, cruciale pour notre civilisation et, plus largement, l'espèce humaine. Nous avons passé beaucoup de temps à étudier l'histoire qui est, pourquoi se le cacher, en grande partie une histoire de la bêtise humaine. C'est donc une grande nouveauté que l'on se préoccupe enfin de l'avenir de l'intelligence. Nous connaissons les risques potentiels, mais peut-être les outils fournis par cette révolution technologique qu'est l'IA nous permettront-ils de réparer quelques-uns des dommages à l'environnement dus à l'industrialisation.

Parmi les événements récents en matière de contrôle, le Parlement européen a publié un rapport visant à gérer la création des robots et des systèmes d'intelligence artificielle. Curieusement, cela inclut la notion d'« identité électronique », afin d'établir les droits et les responsabilités des systèmes intelligents les plus avancés. Un parlementaire européen a souligné que de plus en plus de domaines de la vie quotidienne sont envahis par les robots, et que l'on doit s'assurer qu'ils restent toujours sous le contrôle des hommes. Dès lors, leur attribuer une responsabilité, comme on en attribue à une société, semble logique. Mais cela pourrait aussi, si l'on n'y prend garde, tuer la recherche en robotique.

Il n'y avait pas de tels règlements à bord du vaisseau spatial de *2001 : l'Odyssée de l'espace* de Kubrick, quand l'ordinateur de bord, HAL, a commencé à dérailler. Mais il s'agissait de fiction, alors que nous devons traiter des faits bien réels. Lorna Brazell, du cabinet d'avocats Osborne Clarke spécialisé dans les technologies numériques, avance dans le rapport que puisque les gorilles et les baleines n'ont pas d'identité, on voit mal pourquoi on en donnerait une aux robots. Pourtant, la préoccupation est là. Le rapport explique plus loin que dans quelques décennies, l'IA aura peut-être surpassé le cerveau humain, et bouleversé notre rapport aux robots.

En 2025, il y aura une trentaine de mégapoles de plus de 10 millions d'habitants. Comment pourrait-on livrer à autant de gens les biens et services qu'ils réclameront en temps réel, sinon en employant des robots ? Nul doute que ces derniers seront de plus en plus rapides et efficaces.

Les occasions d'interagir avec l'environnement, sans que nous soyons physiquement présents, se font plus fréquentes. Personnellement, je trouve cela très excitant car la vie dans les villes implique beaucoup de tâches répétitives ou ennuyeuses. Avoir un double permettrait d'alléger cette charge de travail. Grâce aux progrès de l'IA, les avatars numériques ne sont plus si utopiques.

Quand j'étais jeune, la technologie était la promesse de davantage de temps libre pour tout le monde. En fait, plus la technique progresse, plus nous sommes occupés. Nos villes sont pleines de machines qui décuplent nos capacités, mais il serait encore plus efficace de pouvoir être en deux endroits à la fois, de se dupliquer, comme l'inventeur Daniel Kraft le suggère. Des avatars interactifs seraient précieux pour suivre des cours en ligne (MOOC) ou pour participer à des jeux.

Notre connexion au monde numérique sera la clé des progrès à venir. On équipera les maisons de dispositifs qui permettront une communication sans effort. Quand la machine à écrire a été inventée, elle a tout changé dans notre rapport à la machine. Un siècle et demi plus tard, c'est au tour des écrans tactiles de jouer ce rôle. La voiture autonome est au coin de la rue, l'ordinateur est champion du monde de go, et ce n'est qu'un début. Des sommes considérables sont investies dans ces technologies qui ont envahi nos vies quotidiennes et vont bientôt en concerner tous les aspects : santé, travail, éducation et science. Ce que nous avons vu jusqu'à présent n'est rien devant ce qui va émerger, sans compter ce qui se passera quand les capacités de nos cerveaux seront amplifiées par l'IA.

Peut-être cette révolution technologique bénéficiera-t-elle à la vie humaine. Par exemple en traitant les paralysies dues aux atteintes de la moelle épinière : des puces électroniques contrôlant le système nerveux pourraient permettre à ces malades de guider leurs mouvements par la pensée.

Pourquoi craignons-nous tant l'intelligence
artificielle ? Nous pouvons débrancher
les ordinateurs si nous le souhaitons.
On a demandé à l'ordinateur : « Dieu existe-t-il ? »
Il a répondu : « Maintenant, oui », et a disjoncté.

L'avenir de la communication est à l'interface cerveau-ordinateur. Il y a deux façons de la mettre en œuvre : implanter des électrodes dans le cerveau ou les poser au contact du crâne. Malgré les risques d'infection, la première technique est la plus prometteuse. Connecter un cerveau humain à Internet lui donnerait un accès immédiat à Wikipédia et autres banques de données.

Le monde change de plus en plus vite depuis que les gens, les machines et l'information sont interconnectés. La puissance de calcul augmente aussi, et l'on verra bientôt des ordinateurs quantiques, dont les vitesses de traitement seront stupéfiantes. Cela va tout changer, même la biologie humaine. On dispose déjà d'une technique (CRISPR) pour modifier l'ADN comme on le souhaite. Basé sur le système de défense des bactéries, CRISPR peut couper un morceau du génome et le remplacer par un autre. Les biologistes affirment que de telles manipulations génétiques permettront de corriger les mutations génétiques, mais des buts moins nobles pourraient être poursuivis. Les limites à poser à l'ingénierie génétique sont une question urgente. On ne peut guérir les maladies neurologiques, comme celle dont je suis atteint, sans imaginer les dangers potentiels.

L'intelligence est l'adaptation au changement. Chez l'homme, elle résulte de l'action de la sélection naturelle, qui n'a cessé de choisir la meilleure adaptabilité au changement. Nous ne devons pas craindre le changement ; nous devons l'utiliser à notre avantage.

Pour créer un monde meilleur pour tous, nous avons tous un rôle à jouer en favorisant une approche scientifique des choses. Si nous voulons que l'IA nous soit bénéfique, nous devons acquérir les bases nécessaires. Il faut repousser les limites actuelles du savoir, et voir grand. Nous sommes au seuil d'un monde nouveau, dont vous êtes les pionniers.

Après avoir inventé le feu, nous avons fait beaucoup de bêtises avant d'inventer l'extincteur. Avec des technologies autrement plus puissantes comme les armes nucléaires, la biologie de synthèse et l'intelligence artificielle, nous devrions dès maintenant prévoir les dangers potentiels, afin de viser juste, car nous n'aurons pas d'autres occasions de le faire. Notre avenir sera une course entre la technologie et la sagesse. Assurons-nous que la sagesse gagnera.

10

QUE NOUS RÉSERVE L'AVENIR ?

Il y a un siècle, Albert Einstein a révolutionné nos conceptions de l'espace, du temps, de l'énergie et de la matière. On continue aujourd'hui à trouver des confirmations de ses prédictions, comme les ondes gravitationnelles observées en 2017 par le détecteur LIGO. Einstein est pour moi l'incarnation de l'ingéniosité. D'où venaient ses idées ? D'un cocktail d'intuition et d'originalité, avec une étincelle de génie. Il avait le don de voir ce qu'il y a derrière les choses pour en déceler la structure. Il ne s'en remettait pas au sens commun, à l'idée que les choses doivent être comme elles sont. Il avait le courage de suivre jusqu'au bout des idées qui semblaient absurdes à d'autres, et d'en explorer les conséquences. Telle était la source de son ingéniosité, de son génie incomparable.

L'imagination était pour lui essentielle. Nombre de ses découvertes viennent de sa capacité à imaginer un autre univers, à travers des expériences de pensée. À l'âge de 16 ans, quand il se vit chevaucher un rayon de lumière, il comprit qu'à cette vitesse, la lumière devait apparaître comme une onde figée. Cela le mena plus tard à la théorie de la relativité.

Un siècle plus tard, les physiciens en savent davantage qu'Einstein sur l'Univers. Ils ont des instruments extra-ordinaires, accélérateurs de particules, superordinateurs, télescopes spatiaux, détecteurs d'ondes gravitationnelles. Mais l'imagination reste notre outil le plus puissant. Grâce à elle, on peut se transporter n'importe où dans l'espace et le temps, et assister par la pensée aux phénomènes les plus incroyables, tout en conduisant, en somnolant ou en faisant semblant d'écouter un raseur pendant un dîner en ville.

Quand j'étais enfant, je me demandais tout le temps « Comment ça marche ? ». J'ai cassé beaucoup de jouets pour comprendre leur fonctionnement mais, même si je ne réussissais pas aussi bien à les réparer, je pense avoir appris beaucoup plus que ne pourraient apprendre les enfants d'aujourd'hui, s'ils essayaient la même technique sur leur téléphone portable.

Mon travail est toujours de comprendre comment marchent les choses – seule l'échelle a changé. Je ne casse plus les trains électriques, mais j'essaie de savoir, en utilisant les lois de la physique, comment marche l'Univers. Si l'on comprend le fonctionnement d'un objet, on peut le contrôler. Cela semble tout simple à dire, mais c'est une tâche difficile qui m'a tenu et passionné toute ma vie. J'ai travaillé avec les plus grands scientifiques, et j'ai eu la chance de vivre l'âge d'or de mon domaine, la cosmologie, l'étude des origines de l'Univers.

L'esprit humain est fascinant. Il peut concevoir la magnificence des cieux et l'arrangement des composants de la matière. Mais pour acquérir son plein potentiel, il a besoin d'une étincelle : la curiosité et l'émerveillement. L'étincelle vient souvent d'un professeur. Je m'explique. Je n'étais pas ce qu'on appelle un bon élève, j'ai eu du mal à apprendre à lire et à écrire. Mais à l'âge de 14 ans, un de mes professeurs à l'école de Saint Albans, Dikran Tahta, me montra comment canaliser mon énergie et me dirigea vers les mathématiques. Il m'ouvrit les yeux sur l'aspect mathématique du monde. Derrière chaque personne exceptionnelle, vous trouverez un professeur exceptionnel.

Pourtant, l'éducation et la recherche en science et technologie sont plus que jamais en danger. Sous l'effet des mesures d'austérité, toutes les sciences ont vu leurs budgets restreints, spécialement les sciences fondamentales. Nous autres Anglais sommes aussi menacés d'isolement en Europe, éloignés des lieux de progrès. Pour la recherche, l'échange d'étudiants et de chercheurs est une source d'idées et de techniques nouvelles. Malheureusement, nous ne pouvons revenir en arrière. Avec les effets sur l'immigration et l'éducation du Brexit et du gouvernement Trump, on assiste à une révolte globale contre les experts, y compris les scientifiques. D'où la question : comment assurer l'avenir de la science et de la technologie ?

Je reviens à mon professeur, M. Tahta. La base de l'éducation est dans les écoles et les professeurs inspirants. Mais les écoles ne peuvent offrir qu'un canevas où, souvent, l'apprentissage par cœur, les équations et les examens éloignent les jeunes gens de la science. Il faut favoriser la compréhension des choses aux dépens de leur mise en équations. Les livres et les articles de vulgarisation ont pour cela leur rôle à jouer, même s'ils ne sont lus que par une petite part de la population. Films et documentaires ont davantage d'audience, mais il s'agit d'une communication à sens unique.

Quand j'ai commencé à faire de la recherche, dans les années 1960, la cosmologie était une branche obscure et délaissée de la physique. Aujourd'hui, grâce à des découvertes fracassantes comme celles du Big Bang et du boson de Higgs, l'Univers est devenu un objet d'étude en vogue. Les connaissances accumulées en peu de temps sont impressionnantes, même s'il reste beaucoup de pain sur la planche.

Alors, qu'est-ce qui attend les jeunes d'aujourd'hui ? Leur avenir dépendra davantage de la science et de la technologie que celui des générations précédentes. Ils devront connaître et comprendre plus de science que leurs aînés, car elle sera omniprésente dans leurs vies quotidiennes.

Ils devront aussi affronter des problèmes, dont certains sont déjà présents. Parmi eux, le réchauffement climatique, la question de l'espace et des ressources nécessaires à l'accroissement de la population mondiale, l'extinction des espèces, la nécessité de développer des énergies renouvelables, la dégradation de l'océan, la déforestation et les grandes épidémies.

De grandes inventions vont tout changer dans le travail, la nourriture, la communication et les transports. Il faudra mettre l'imagination au pouvoir. On ira chercher des métaux rares sur la Lune, on commencera à coloniser Mars, à guérir des maladies aujourd'hui sans espoir. Les grandes questions de l'existence restent sans réponse : comment la vie sur Terre a-t-elle commencé ? Qu'est-ce que la conscience ? Sommes-nous seuls dans l'Univers ? Ces questions-là sont pour les générations à venir.

Certains pensent que l'humanité actuelle est parvenue au sommet de l'évolution. Je ne le crois pas. Il doit y avoir quelque chose de très spécial concernant les conditions aux limites de notre Univers, et qu'est-ce qui pourrait être plus spécial que pas de limites du tout ? De même, il ne doit y avoir aucune limite à l'évolution humaine. Je vois deux options pour l'humanité future : explorer l'espace pour trouver d'autres planètes habitables, et utiliser l'intelligence artificielle pour améliorer notre planète.

Comme on l'a vu, la Terre est désormais trop petite pour l'humanité, dont la population double tous les quarante ans. Nos ressources s'épuisent à un rythme alarmant, et nous devons faire face au changement climatique, à la pollution, à la déforestation et à la baisse de la biodiversité. Il faut trouver un moyen de ralentir la croissance de la population.

Une autre raison de coloniser d'autres planètes est la possibilité d'une guerre nucléaire. Une des théories pour expliquer que nous n'ayons pas encore été contactés par des extraterrestres est que quand une civilisation atteint notre degré de développement, elle devient instable et s'autodétruit. Nous avons désormais la puissance technologique nécessaire pour détruire toute vie sur Terre. Les événements récents en Corée du Nord en ont donné un avant-goût.

Mais je suis optimiste. Je crois que nous pouvons éviter la catastrophe, et que la conquête de l'espace peut nous y aider.

L'autre option est le développement de l'intelligence artificielle. Les progrès récents rapprochent toujours plus les ordinateurs des capacités proprement humaines, et nous commençons tout juste à voir les prouesses dont est capable l'informatique. Pourtant, comme je l'ai souligné au chapitre précédent, l'IA peut être la meilleure comme la pire des choses. Des machines superintelligentes pourraient peu à peu, insidieusement, prendre le pouvoir et nous mener à notre propre perte. À charge pour nous de prendre la mesure du danger et les mesures qui s'imposent pour que l'IA reste un outil à notre service.

La technologie a eu un impact considérable sur ma vie. C'est un ordinateur qui parle à ma place, et toute une technologie de pointe qui m'a donné la voix que la maladie m'a prise. Intel me suit et m'aide depuis vingt-cinq ans et me permet de vivre presque normalement. Pendant ce quart de siècle, le monde et sa technologie ont beaucoup changé, qu'il s'agisse de communication, de génétique, d'accès à l'information ou de possibilités nouvelles dont je n'aurais même pas rêvé. La technologie développée pour aider les handicapés a ouvert de nouveaux domaines de recherche. La dictée vocale, la lecture automatique, l'aide électronique à la conduite, le Segway (ou gyropode) qui a envahi nos rues ont été au départ développés pour des handicapés. Tout cela vient de la petite flamme de créativité qui est aussi présente dans mon fauteuil roulant que dans mes spéculations en physique théorique.

Il y a bien d'autres choses à attendre. Par exemple des interfaces cerveau-machine plus rapides et expressives.

Quelle invention, grande ou petite, voudriez-vous
que l'humanité mette en œuvre ?
Une grande idée : la fusion nucléaire. Sa mise au
point donnerait à l'humanité une source quasi
illimitée d'énergie propre, qui ne contribuerait pas
au réchauffement climatique.
Une plus modeste :
le passage à la voiture électrique.

Les réseaux sociaux en sont des précurseurs ; ils me permettent de garder le contact avec mes amis et lecteurs disséminés dans le monde entier comme avec mes enfants. De même qu'Internet, les smartphones, l'imagerie médicale, le GPS et les réseaux sociaux étaient impensables il y a seulement quelques décennies, nous ne pouvons aujourd'hui qu'entrevoir les progrès à venir.

J'espère que cette multitude d'ouvertures possibles va enthousiasmer les écoliers d'aujourd'hui. Mais il est de notre responsabilité de guider ces jeunes gens vers la science, outil nécessaire pour forger et maîtriser la technologie de demain. Je crois que l'avenir de l'éducation est dans Internet, qui nous connecte tous comme les neurones d'un gigantesque cerveau. Avec un QI comme celui-là, qu'est-ce qui pourrait nous résister ?

Quand j'étais jeune, il était fréquent et même très chic de déclarer son désintérêt pour la science. Ce temps-là est révolu. Bien sûr, je ne veux pas dire que tous les jeunes doivent devenir des chercheurs ; ils doivent cependant être suffisamment familiarisés avec la science pour choisir leur avenir en connaissance de cause. Ils ne doivent pas être des illettrés scientifiques, ni craindre la science ; ils doivent être curieux d'en connaître davantage à son sujet.

Un monde doté d'une petite élite seule capable de comprendre la science, la technologie et ses applications serait selon moi une très mauvaise voie. Des projets d'intérêt public comme l'assainissement des océans ou la lutte contre les maladies dans les pays en développement n'y seraient certainement pas prioritaires. Pire, on pourrait penser que la technologie est utilisée contre nous, et que nous en aurions perdu le contrôle.

Il ne fait aucun doute que notre monde va considérablement changer dans les cinquante ans à venir, que nous ferons des découvertes fracassantes dans tous les domaines scientifiques. Comme je suis très optimiste et que je ne vois aucune limite à l'intelligence humaine, je pense que nous allons comprendre le Big Bang, l'origine de la vie sur Terre, et savoir s'il existe de la vie ailleurs. Nous allons continuer à explorer l'espace, y envoyer des robots et des hommes, tout en essayant de résoudre les problèmes de notre planète polluée et surpeuplée. Je suis sûr qu'à terme, nous trouverons le moyen de vivre ailleurs dans l'espace. La vie ne se limitera pas à une seule planète : elle est destinée à conquérir le cosmos.

Un dernier point : on ne sait jamais d'où viendra la prochaine découverte, ni qui la fera. Ouvrir les jeunes esprits à l'excitation et à l'émerveillement de la découverte scientifique, atteindre le plus grand public possible par de nouveaux médias innovants, voilà qui serait un terreau fertile pour faire germer le prochain Einstein. Où qu'il ou elle soit.

Rappelez-vous qu'il faut regarder les étoiles, pas vos pieds. Essayez de donner du sens à ce que vous voyez et de vous interroger sur l'existence de l'Univers. Soyez curieux. En toutes circonstances, il y a toujours quelque chose à faire, et à réussir. N'abandonnez jamais. Faites confiance à votre imagination. Faites advenir le futur.

POSTFACE
par Lucy Hawking

C ambridge. Un jour gris de printemps. Un cortège de voitures noires se dirige vers Saint Mary's Church, l'église de l'université qui accueille les funérailles de ses membres éminents. En cette période de vacances, les rues sont quasiment désertes, et le faible trafic bloqué par les motards de la police qui escortent le cercueil de mon père.

Puis, en arrivant dans l'artère principale de Cambridge, King's Parade, nous avons vu la foule amassée sur les trottoirs, immense et silencieuse. Et c'est toujours en silence que l'huissier de Gonville and Caius, le collège de mon père, en habit de cérémonie avec son chapeau melon et sa canne d'ébène, est venu à sa rencontre pour le guider vers l'église.

« Il aurait aimé cet instant », a chuchoté ma tante en serrant ma main.

Depuis la mort de mon père, il y a eu tant de choses qu'il aurait aimées, tant de choses que j'aurais aimé qu'il voie. L'incroyable déchaînement d'affection venu des quatre coins du monde, le respect et l'amour témoigné par des millions de gens qu'il n'avait jamais rencontrés. J'aurais voulu qu'il sache qu'il reposerait entre deux de ses grands héros scientifiques, Isaac Newton et Charles Darwin, et que, à l'instant de sa mise en terre, sa voix serait envoyée vers un trou noir par un radiotélescope.

Mais il se serait aussi demandé pourquoi tant d'agitation, lui qui, profondément modeste, était parfois effrayé par les éclats d'une gloire qu'il appréciait malgré tout. Une phrase de ce livre m'a sauté aux yeux en ce qu'elle résume parfaitement son attitude : « [...] et je serais heureux d'y avoir contribué ». Je pense qu'il était le seul à utiliser ici le conditionnel. Tous les autres savent qu'il a contribué aux progrès de la cosmologie.

Et quelle contribution ! Par l'ampleur de ses travaux en cosmologie, en quête de la structure et de l'origine de l'Univers, mais aussi par le courage et l'humour dont il n'a cessé de faire preuve face aux difficultés qui ne l'ont pas épargné. Il a tout à la fois atteint les limites du savoir et surpassé celles de son handicap. Pour moi, c'est ce double mouvement qui en a fait un personnage mythique, et en même temps proche et accessible. Il souffrait, mais il persévérait. C'était un effort pour lui que de communiquer, mais il a communiqué jusqu'à la fin, s'appareillant de plus en plus à mesure qu'il perdait en mobilité. Il sélectionnait soigneusement ses mots afin qu'ils aient un impact maximal, dits par sa voix électronique impersonnelle qui devenait si expressive quand il l'utilisait. Quand il parlait ainsi, tout le monde écoutait, qu'il s'exprime sur l'avenir du système de santé ou sur l'expansion de l'Univers, sans jamais oublier le petit mot pour rire délivré sur un ton monocorde, avec toujours le petit clin d'œil entendu.

Mon père était aussi un chef de famille, ce que beaucoup ont oublié avant que ne sorte le film *Une merveilleuse histoire du temps*. Il n'était certes pas commun, dans les années 1970, de voir une personne handicapée totalement indépendante, avec une femme et des enfants. Quand j'étais petite, je détestais le regard que les gens se permettaient de porter sur nous quand mon père pilotait son fauteuil à toute vitesse dans les ruelles de Cambridge, escorté par deux enfants très occupés à manger leur glace. Je trouvais cela incroyablement grossier, et affrontais ces voyeurs, sans guère d'effet je le crains, avec ma figure barbouillée à la vanille.

Mon enfance n'a été en rien « normale ». Je le savais, mais voulais l'ignorer. Je trouvais parfaitement normal de poser aux adultes des questions difficiles parce que c'était ce qui se faisait à la maison. Mais le jour où je fis pleurer un curé à qui je demandai des preuves de l'existence de Dieu, je compris à quel point cela pouvait être inconvenant.

Je n'étais pas du genre à poser des questions tout le temps – contrairement à mon frère aîné, qui en profitait pour me ridiculiser à chaque occasion (ce qu'il continue à faire). Je me souviens de vacances en famille – qui comme par hasard coïncidaient avec une conférence de physique à l'autre bout du monde. Mon frère et moi assistions à certaines conférences, sans doute pour laisser ma mère souffler un peu. Les conférences de physique n'étaient pas alors destinées aux enfants. Je me tenais assise à côté de lui et il levait le doigt et posait une question au distingué universitaire qui animait le débat, ce dont mon père se montrait très fier.

On me demande souvent : « Qu'est-ce que ça fait d'être la fille de Stephen Hawking ? », et je ne trouve jamais de bonne réponse. Je peux dire qu'il y a eu de très grands moments, des très difficiles, et qu'entre les deux nous avons vécu « normalement » – au sens que ce mot avait pour nous, et qu'il me serait très difficile d'expliciter davantage si je le voulais, ce dont je ne suis pas sûre du tout. Je préfère m'en tenir aux derniers mots de mon père, disant que j'avais été une fille adorable et que je n'avais pas à m'en faire. Je ne serai jamais aussi courageuse que lui – je ne suis pas très courageuse de nature –, mais il m'a montré que je pouvais essayer, et que cet effort était peut-être l'essentiel de ce qu'on entend par courage.

Mon père n'a jamais abandonné, il n'a jamais refusé le combat. À 75 ans, complètement paralysé et à peine capable de bouger quelques muscles, il se levait tous les jours, s'habillait et allait au bureau. Il avait plein de choses à faire et ne s'arrêtait pas aux détails matériels. Quoique, s'il avait su pour les motards à ses funérailles, il leur aurait demandé de l'escorter chaque jour dans les embouteillages de Cambridge jusqu'à son bureau.

Ce livre a été un de ses derniers projets, l'année qui a précédé sa mort. Il voulait réunir ses écrits récents en un seul ouvrage. Là encore, j'aurais aimé qu'il puisse voir le résultat. Je crois qu'il aurait été fier de ce livre, et même qu'il aurait fini par admettre, au bout du compte, qu'il a bien apporté une contribution à la science.

Lucy HAWKING, juillet 2018.

INDEX

REMERCIEMENTS

Le Stephen Hawking Estate tient à remercier Kip Thorne, Eddie Redmayne, Paul Davies, Seth Shostak, Stephanie Shirley, Tom Nabarro, Martin Rees, Malcolm Perry, Robert Kirby, Nick Davies, Kate Craigie, Chris Simms, Doug Abrams, Jennifer Hershey, Anthea Bain, Jonathan Wood, Elizabeth Forrester, Yuri Milner, Thomas Hertog, Ben Bowie et Fay Dowker pour leur aide dans la réalisation de ce recueil.

Pendant toute sa carrière, Stephen Hawking a travaillé avec de nombreux collaborateurs – scientifiques pour la mise au point de ses articles, ou scénaristes comme lorsqu'il a participé à la série des *Simpson*. Avec le temps, il a eu besoin d'une aide accrue, tant en termes techniques que communicationnels. L'Estate remercie tous ceux qui ont aidé Stephen à garder le contact avec le monde.

TABLE

Y a-t-il un grand architecte dans l'Univers ? (avec Leonard Mlodinow), 2011.

L'Univers dans une coquille de noix, nouvelle édition, 2009.

Trous noirs et bébés univers, 1994.

Qui êtes-vous Mister Hawking ? (avec la collaboration de Gene Stone), 1994.

Cet ouvrage a été transcodé et mis en pages
chez Nord Compo (Villeneuve-d'Ascq)

N° d'édition : 7381-4567-X – N° d'impression : 1809.0197
Dépôt légal : octobre 2018

Imprimé en France